cns

中小学生阅读书系

BOOKS
FOR PRIMARY AND
SECONDARY SCHOOL STUDENTS

小学
PRIMARY SCHOOL

中小学生阅读书系

小学
自然科学

飞天摇篮

Feitian Yaolan

陈善广　主编

湖南科学技术出版社

导 读

> 一个民族有一些关注天空的人，他们才有希望；
>
> 一个民族只是关心脚下的事情，那是没有未来的。
>
> ——黑格尔

从丝绸之路上的胡椒种子，到大航海时代的冒险指南；从工业革命时期的蒸汽机，到更快更强的动力引擎，再到轮船、飞机、火箭……人类就这样一步一步地冲破地球的束缚，向着更高更远更广的领域挺进。终于，人类走进了太空。

1961 年 4 月 12 日，苏联成功发射世界上第一艘载人飞船"东方 1 号"，尤里·加加林成为世界上第一位遨游太空的航天员；1965 年 3 月 18 日，乘坐"上升 2 号"飞船的苏联航天员列昂诺夫在飞行中进行了世界航天史上第一次太空行走；1969 年 7 月 16 日，美国"阿波罗 11 号"载人飞船，第一次把人送上月球……历史的指针仍在有条不紊地旋转，人类探索太空的步伐也不曾停歇，空间站、航天飞机、火星探测器等相继出现在我们头顶的天空。

20 多年前，美国未来学家阿·托夫勒的《第三次浪潮》引起了世界各国的注意和研究，其思想震撼至今不绝。托夫勒在这本书中将人类社会划分为三个阶段：第一阶段为农业阶段，从大约 1 万年前开始；第二阶段为工业阶段，从 17 世纪末开始；第三阶段为信息化阶段，从 20 世纪 50 年代后期开始。我们目前正处于信息化阶段，一系列新技术正在崛起，形成了电子工业、航天工业、海洋工程、遗传工程四组相互关联的工业群。可以想见，当地球上的资源日渐枯竭，地球文明已经发展到极致的时候，人类势必将目光投向遥远的太空，以辽阔太空作为未来的家园。

太空是继陆地、海洋、大气层之后的人类活动的全新领域。太空技术对人类社会的推动作用已经显现，其中包括卫星通信技术对建设信息高速公路和太空对地观测对社会可持续发展的贡献，以及进入太空和开发太空资源对人类社会发展的影响等。人类社会发展进步的历程表明，任何一次新的工业革命，无不以科学技术的重大发现为先导。当今世界上有远见的专家都认为，太空将是下一次人类新工业革命的场所，太空探索将成为 21 世纪以后人类文明进步的巨大推力。

作为正在发展中的大国，中国自然也不能错失这个千载难逢的大好机遇。近几十年来，我国的载人航天事业无论是在理论上还是在实践中都取得了重大的突破和进展："神五"实现载人首飞，航天英雄杨利伟成为中国飞天第一人；"神六"的再次翱翔，英雄航天员费俊龙和聂海胜实现了多人多天飞行的突破；"神七"的成功发射更是让国人振奋和自豪，因为在这次飞天之旅中，中国的航天员翟志刚在同伴刘伯明、景海鹏的协助和支持下首次走出座舱，离开飞船，完成了中国历史上的第一次太空漫步。

太空漫步是一种很诗意的说法，它在学术和航天领域中有一个专用名词，叫作"出舱活动"，通常又被人们称为太空行走或太空出舱。

出舱活动是载人航天的一项关键技术，是载人航天工程在轨道上安装大型设备、进行科学实验、释放卫星、检查和维修航天器的重要手段，也是太空探索必须经历的重要阶段。它是多门类、多学科技术的综合，涵盖了机械、电子、自动控制、计算机、新材料、新能源、微电子、通信、医学、天文学、力学等多个学科的内容。出舱活动的实现，对于载人航天事业的发展来说有着举足轻重的影响，同时它还有利于带动相关科学技术的进步，促进高科技成果转化为生产力。自 1965 年列昂诺夫实现人类第一次出舱活动以来，人类已经进行了近三百次太空行走，出舱活动的航天员也达到了几百人次。

随着太空探索进入更高级的阶段，人类需要在其他星球登陆，探寻天外生命的痕迹，破译无垠宇宙的密码，这些科研活动也需要航天员离开飞行器，在太空中进行工作。因为人类在认识领域的每一次突破，将取决于人类活动空间和领域的进一步突破——航海时代如此，航天时代亦然。只有将自己的生命体本身从陆地、海洋和大气层，扩展到广阔无垠的太空，人类才能回答长期困惑自己的根本问题。只有思想和认识在这个层次上达到了飞跃，人类才能引来新一次的科技革命，推动人类文明的不断拓展和进步。从这个意义上来讲，掌握航天员太空出舱的技术不仅是必然，而且是必须。

鉴于此，为了进行一次全民性的有关"太空出舱"航天科普知识的传播和推广，同时也是为了让更多的人更好地关注中国航天、了解中国航天、热爱中国航天，中国航天员科研训练中心联合湖南科学技术出版社，精心打造了《漫步太空书系》这套有关太空出舱（太空行走）的基础性科普丛书。《漫步太空书系》是一套有关航天知识的系统科普教育丛书，尽量满足广大航天爱好者的求知需求，我们希望帮助所有关心祖国航天事业的人们了解和认识神奇的太空出舱活动，让他们从中享受这份振奋和愉悦。

本丛书共分为《探索印记》《苍穹信步》《飞天摇篮》三册。

第一册：《探索印记》

即人类太空行走简史。充分回顾40多年来太空出舱活动历史演变。

本分册着重介绍航天员舱外活动的历史。挑选典型的出舱活动案例，详细介绍从飞船、空间站、航天飞机开展的出舱活动的发展历史，回望人类漫步太空的脚步，并对人类未来将要进行的太空探索趋势进行了科学的展望。

第二册：《苍穹信步》

即太空行走是怎样进行的？详细说明太空出舱活动的过程。

本分册以出舱活动执行任务为线索，全面介绍太空漫步的具体过程及其原理，同时穿插了大量故事，讲述这些程序和过程是如何演化和改进的。例如航天员出舱时要求遵守一定的程序，包括系统检查装备、吸氧排氮、气闸舱泄压、执行任务、气闸舱复压等，每个步骤的背后都有很多知识点、关注点和丰富的故事情节。

第三册：《飞天摇篮》

即太空行走航天员是怎样炼成的？解释说明出舱活动对出舱航天员的生理、心理要求以及出舱航天员的选拔和训练过程。

本分册以轻松的笔墨介绍航天员要经过怎样的训练才能考取太

空漫步的"驾照"，用生动的实例展示选拔的苛刻标准和各种故事。通过国内外航天员的训练感受，向读者展示非常有特色的水下训练、失重飞机训练、出舱程序训练、模拟器训练以及舱外航天服实验舱真空体验训练。

本分册以翔实的资料，温情的笔触和独家的报道，记录了中国航天员首次进行太空漫步这一经典的历史性时刻，并为读者第一时间权威披露中国首位出舱航天员是如何通过层层苛刻的选拔和训练脱颖而出的，同时对我国的出舱技术、出舱装备及出舱训练设备设施等进行重点介绍。

在该套丛书的编写过程中，由我国太空出舱技术方面的资深专家、骨干科研人员和科普作者组成顾问和编委队伍，为该套丛书的编撰倾注了大量的心血，正是因为他们的专业、敬业和热情，丛书的科普性、趣味性、可读性才得以很好的体现。具体来说丛书有如下四个特点：一是科普性方面，立足航天员出舱活动知识的传播和普及，力求科学性、权威性、专业性相统一；二是人文性方面，追求一种诗意化的表述和形象化的解读，具有浓厚的人文色彩，力求避免以往大多数科普图书"一问一答"式的枯燥和单调；三是可读性方面，充满诗意的导语，精巧别致的解说，围绕着太空出舱这一主题进行多方位解读，尽力让读者读有所获、读有所感、读有所言；四是纪实性方面，针对"神七"飞天全过程做一个真实再现和详细记录，并在记录的过程中着重科普常识和知识点的介绍，以及我国在相关科技领域内关键技术的突破和成就。正如大多数专家和编委所说的，作为航天科技工作者，弘扬载人航天精神，普及载人航天知识也是他们义不容辞的社会责任和义务。在此，作为主编，我对他们所付出的一切，深表敬意和感谢。

我还要感谢为本丛书的编辑、出版做出过努力的所有人，是他们不辞辛劳的工作，丛书才得以顺利面世。他们一丝不苟的编校，独具匠心的设计，帮助读者更加准确、直观、感性地认识出舱活动的神奇与奥妙，从而对出舱活动有一个完整清晰、生动形象的认识。

需要说明的是，由于本丛书涉猎的知识面广，加之时间仓促，虽经多方审校，仍难免有疏漏错误之处，敬请广大读者指正。

陈善广

2008 年 9 月于北京

前　言

失败是什么？什么都不是，只是离成功更近一步。成功是什么？就是走过了所有通向失败的路，只剩下一条路，那就是成功的路。天将降大任于斯人也，必先苦其心智，劳其筋骨，饿其体肤，空乏其身。十年磨一剑，剑气已弥天。

航天员选拔与训练是载人航天中一个必不可少的重要环节，一直备受瞩目。航天员作为载人航天的主体，必须通过严格的筛选和长期的科学训练才能全面系统地了解和掌握飞行的相关知识和技能，具备执行飞行任务的能力。作为一本科普读物，传播载人航天知识，搭建世界航天员交流平台，是我们义不容辞的责任。

航天员的培养现在看来还显得有些神秘，但是未来航天员培养方式势必走国际化、多元化、全民化路线。其中，全民化即训练基地拿出一部分资源进行开发，专门用于旅游项目，让普通的老百姓也有机会体验航天员的工作、生活模式，使资本的运作取之于民、用之于民。目前已经开始有试点，对媒体的宣传也日渐透明化、日趋动态化。然而随之而来的政府干预尚未出台，放开的尺度尚未明确，这样一个潜力无法限量的资源一旦开发，如何宏观掌控，还是一个空白。但是我们有理由相信在不久的将来，航天技术将不再仅仅是金字塔的顶端，我们更需要全民的参与和协作。这就需要更多的人了解航天，了解航天员。

为了满足广大航天爱好者的需求，我们查阅和分析了大量国内外相关资料，根据编者10年来航天员选拔训练的实践编写了《漫步太空书系》之《飞天摇篮》一书。

在太空飞行中，航天员承担着航天器的监视、操作、控制和管理任务，随着载人航天的发展，这些任务种类越来越多，数量越来越大，每一项任务完成的质量都可能影响飞行的安全和整个航天任务的完成，因此对航天员的学习能力、知识结构及职业技能提出了近乎苛刻的要求，以争取零失误。航天员经过几个月甚至几年的反复严格训练，由基础训练到专业技术、飞行程序与任务训练，再到最后的强化训练与任务准备训练，一步一步走过来，他们最终成为学识渊博、经验丰富的合格航天员。

本书约11万字，分为四章，全面系统地介绍了航天员选拔训练的历程及相关训练设备，并通过对航天员选拔训练的分析，总结了选拔训练的经验。同时，我们精心选用了百余幅航天员选拔训练的图片，使本书图文并茂、生动形象、可读性强。

本书以最真实的笔触系统地回顾了航天员选拔训练的过程，内容丰富，融科学性、知识性和趣味性于一体，为广大读者揭开了航天员的神秘面纱，是广大航天爱好者学习与参考的不二选择。

编者

目　录

　　1961 年 4 月 12 日,"东方 1 号"宇宙飞船载着苏联人加加林围绕地球完成了人类首次轨道飞行。

　　1962 年 2 月 20 日,美国航天员约翰·格伦驾驶"水星"载人飞船成为第一个绕地球轨道飞行的美国人。

　　1965 年 3 月 18 日,苏联航天员阿里克谢·列昂诺夫完成了人类历史上第一次舱外活动。

　　1965 年 6 月 3 日,埃德·怀特成为美国历史上第一个实现太空行走的人。

　　1969 年 7 月 20 日,美国"阿波罗 11 号"飞船降落在月球上,阿姆斯特朗留下了人类在月球的第一个脚印。

　　2003 年 10 月 15 日,"神舟五号"载着中国人杨利伟在太空中绕行地球 14 圈,中国成为第三个把人送入太空的国家。

　　2008 年 9 月 27 日,翟志刚成为中国太空行走第一人,我国成为第三个独立掌握太空出舱技术的国家。

　　……

第一章
优 中 选 优

机遇总是降临到时刻做好准备的人身上。

——巴斯德

只要你有眼光去发现，只要你有勇气去实践，只要你有恒心去坚持，你一定会把美好的梦想变成成功的现实。

——卡尔帕纳·查乌拉

群英荟萃，太空门槛有多高

1959 年，美国航空航天局（NASA）在为"水星"计划选拔第一批航天员的时候，对候选者的要求是：具有工程方面的学士学位，40 岁以下，身高不超过 1.85 米，身体健康，试飞员学校毕业，为合格的喷气式飞机驾驶员，并具有 1500 小时以上的飞行经验。对身高的限制是因为当时"水星"载人飞船座舱狭小，高个子装不下。当时全美国能满足这些选拔标准的人共有500 名。NASA 最后从这 500 人中选拔出 7 人，成为美国首批航天员。

在"水星"计划的 7 名航天员中，有一名叫约翰·格伦的航天员，他出生于 1921 年 7 月 18 日，1959 年被选为航天员时年龄是 38岁，3 年后他驾驶"水星"飞船完成美国首次载人航天飞行。36 年后，在格伦 77 岁高龄时他又被任命为"发现号"航天飞机航天员。1998 年 10 月 29 日，他参加了航天飞机的 9 天飞行，同航天机组的其他乘员一起圆满地完成了这次航天任务。

格伦身上反映出 40 年来航天员选拔标准的变化。随着载人航天技术的发展，航天员选拔标准大幅度放宽，而且载人航天技术的发展永无止境，人人都可能成为航天员的日子不会太远。

也许有一天，普通人也可以买一张太空机票，乘坐舒适的载人航天器到太空去旅游，尝试一下当航天员的滋味！

俄 罗 斯

俄罗斯航天员的选拔与苏联时期的选拔工作一脉相承。苏联第一批航天员的选拔工作从 1957 年开始启动，科学家们首先对诸如飞行员、潜水员、医生、工程师和学者等各个职业的从业人员分别进行了反复的对比分析，最后不约而同地发现在空军飞行员中选拔航天员是一条捷径，并且一致认同最好是从喷气式飞机驾驶员中选拔。这是由于这些驾驶员经过长期高空、高速飞行环境的锻炼，能较快地适应恶劣的航天环境，并且，他们有驾驶飞行器的牢靠基础，遇事能迅速果断地决策，善于应付各种意外情况。同时，在部队服务的人员，人事、技术和健康档案齐全，便于进行全面审查。

此外还有一些规定，例如要求试飞学校毕业，有 1500 小时以

图 1.1　1960 年的苏联航天员合影

3

上的飞行经验，年龄 40 岁以下，体重 70 千克以下，身高 1.80 米以下，有工程学或科学方面的学士或同等学位，有良好的心理素质和思想素质等。

选拔采用淘汰法，一轮比一轮严格。首先在苏联空军中确定约 3000 名飞行员作为候选对象，分三个方面进行选拔：技术及个人特性、健康状况和航天特殊环境因素的应急耐力。

前两项由医学专家和心理学家做一般的医学及心理素质检查，需要连续几天住院进行。第三项应急耐力检查要在低压舱、爆炸减压舱和离心机等特殊设备上完成。其中比较特殊的检查有：对在水平台上站立很久的候选者测验其定向能力和血管紧张程度；让候选者在短时间内从噪声中选出有用的信号和在高速运动中完成指定的一系列任务，以测试其记忆力和协调性；把单独一个人或几个陌生人关在密封舱内进行隔离试验，观察各组成员之间的行为及抗寂静、抗孤独的耐力等。

上述检查和选拔的淘汰率很高，约有 50% 的人没有通过前两项，通过航天耐力选拔的更少。当时苏联航天员在一年的时间内，

图 1.2　苏联功绩卓著的航天员加加林和捷列什科娃

4

要骑自行车 1000 千米，滑雪 3000 千米，越野跑步 200 多千米。

1959 年 10 月，苏联从大量报名者中经过身体素质检查精挑细选出 206 人，然后经过医生大刀阔斧、毫不留情的复查淘汰 180 多人，留下 20 人进行第一批航天员培训，再经过严格的训练、筛选和淘汰，最后只剩下 6 人进入苏联首次航天飞行任务选拔。

图 1.3 马来西亚航天员法伊兹·哈利德在莫斯科星城接受转椅训练

6 选 1 难于上青天，因为这 6 个人都训练有素，不存在谁比谁有更多优势的问题。结果在发射载人宇宙飞船前 4 天选中加加林。这是因为，赫鲁晓夫作过如下指示：必须是纯俄罗斯人。而且谁最能代表国家的形象，谁的外表更耐看，谁的微笑更迷人等都成为考虑的因素。因而，帅小伙加加林被选中了，具备同等条件的乌克兰族的航天员季托夫成为首次航天的预备航天员。

此后，随着苏联航天技术的成熟，航天员的选拔标准也有所放宽，驾驶员可以从航空俱乐部成员、大学生和妇女中选拔，年龄放宽到 40 岁或以上，但仍要求飞行任务专家有较高的专业技术水平。1960—1963 年，苏联从 3000 多候选者中筛选出 21 人，其中有 3 位女性。

总的来说，苏联/俄罗斯的载人运载工具都是"联盟号"飞船，它的加速度大，起飞和回收时的舒适性不如美国的航天飞机，这也缩小了航天员的选拔范围。

链接：航天员的身高

在早期太空探险竞赛中相对领先的苏联，使用的飞行器则相对较小。由于这个原因，苏联在选拔宇航员时也考虑到了身高因素，例如1961年首位进入太空的尤里·加加林，身高就只有1.57米。

航天员的身高对于飞行任务的顺利完成有很大影响。在20世纪90年代，NASA资深航天员斯科特·帕拉金斯基和搭档温迪·劳伦斯，就曾经因为身高遇到麻烦。当时，俄罗斯"联盟号"飞船曾一度"禁止"他们进入：身高1.88米的帕拉金斯基在里面腿显得太长了，而只有1.60米的劳伦斯则够不着一些控制设备。虽然后来"联盟号"进行了一些改造，让他们登上了飞船，但帕拉金斯基和劳伦斯也从此分别得到了"太高"和"太矮"的绰号。

俄罗斯"联盟号"飞船的驾驶舱宽2.1米，能坐下3个人。每年都有一些美国航天员搭乘"联盟号"飞往太空。美国的航天飞机退役后，俄罗斯的"联盟号"将成为美国航天员进入太空的唯一方式。

从历史上来看，美国早期的航天员相对而言都是比较高的。比如在1947年成功突破音障的著名试飞员查克·耶格尔，身高就达到1.88米；在1961年第一位进入太空的美国航天员阿兰·谢泼德，身高也达到1.80米；8年之后，航天员尼尔·阿姆斯特朗成为第一位登上月球的人，他的身高为1.75米，和他一起登上月球的巴兹·奥尔德林身高则为1.78米。

美　国

第一次选拔

一开始，美国的航天员选拔不打算走苏联的老路子，因此规定除了飞行员外，气球驾驶员、潜艇成员、潜水员、赛车驾驶员、登山运动员以及探险家都可以报名。兜了一大圈之后，美国人发现还是苏联人的办法好，于是美国也开始从空军飞行员中挑选航天员。

但是美国比苏联更进了一步，他们决定从空军试飞员中选拔航天员。空军试飞员更优秀，他们除了具备歼击机飞行员的素质外，在空中有更强的应付意外情况的能力，以及判断准确、胆大心细、决策迅速和动作灵活的优点。

1958 年 12 月，美国有关部门制订发布了征召航天员职位的民政通告的计划，并决定在空军试飞员中征召全部所需航天员。选拔的基本要求有：试飞学校毕业，有 1500 小时以上的飞行经验，年龄 40 岁以下，体重 70 千克以下，身高 1.80 米以下（为适应当时有限的密封座舱容积），有工程学或科学方面的学士或同等学位，有良好的心理素质和思想素质等。

1959 年，NASA 从 508 名试飞员的档案中挑选出 110 人，经过进一步测试后，110 人被缩减到 69 人，之后又减到 32 人。这 32 人随即开始紧张的身体测试——能承受多高的温度？能耐受多大的噪声？在累瘫了之前能吹起多少气球？脚能在冰水里待多长时间？骑脚踏车能跑多长距离？

图1.4　美国早期的7名穿着"水星"　　图1.5　1968年8月13日，哥伦比亚广播公司新闻节目
　　　服的航天员　　　　　　　　　主持人沃尔特在尝试低重力模拟器训练，这是早
　　　　　　　　　　　　　　　　　期的一种航天员训练模式

　　最后经过严格的体格检查和特殊应急试验检查，录取7人进行第一批航天员培训。他们是后来3年半的时间里全美国仅有的7名航天员，智商从130到145不等，平均为136。在尚未做任何事情的情况下，他们一转眼便成了全球少年和其他追星族们崇拜的英雄。

　　选拔航天员的健康素质要求，与选拔空军驾驶员差不多，此外还有特殊耐力要求，如最大体力负荷、抗超重、抗低气压、抗振动、抗热、抗隔绝环境和高位耐力等。

　　第一次选拔，美国从500名试飞员中挑出了7名航天员。但是由于美国的航天员需求量太大，到第二批选拔航天员时条件又宽松多了，候选者不局限于试飞员和飞行员，而是扩大到航空俱乐部的成员和飞行大专院校的学员等。年龄和民族也不再限制。再往后还挑选了非职业航天员，如载荷专家、军事任务家以及航天旅游者。

　　现在在美国，航天员的挑选和训练均由NASA负责。只要是美国公民，不管是军队还是社会人员均可报名，报名者直接写信给约翰逊航天中心航天员挑选办公室，或者通过网上下载报名表就行。美国人看重智力和体力性能，只要符合要求，40岁左右的科学家和工程师都有可能当上航天员，当然学历越高越好。总之，NASA要寻找的人是具有较深科学背景的、有所特长的人。

驾驶航天员、任务专家航天员和载荷专家

"航天员"这个词是比较笼统的称呼，其实现在的航天员可分为不同的类型，不同类型的航天员有不同的选拔标准和训练要求。以美国为例，美国航天飞机上的航天员分为驾驶航天员、任务专家航天员和载荷专家。

驾驶航天员中有一名是航天机组的组长，又称"指令长"，在飞行期间他要对航天飞机、机组成员、飞行安全和飞行任务的完成负全部责任。驾驶航天员的主要任务是协助指令长工作，具体负责航天飞机的操纵和控制，使用遥控机械臂对卫星进行部署和回收。

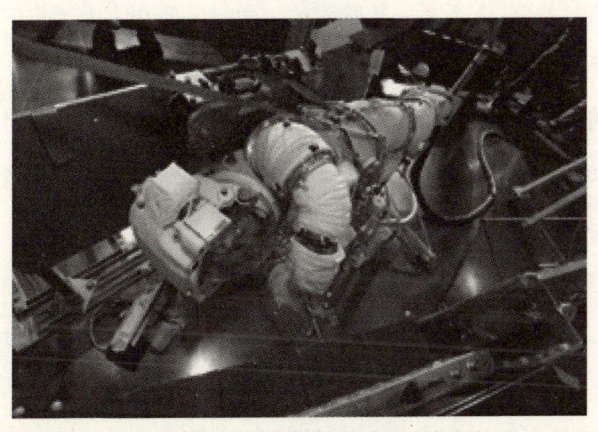

图1.6 美国有效载荷专家在水槽进行模拟太空操作训练

9

图 1.7　在美国航天模型测试中心，一名操作工程师正在进行材料修复技术适配训练

任务专家航天员负责航天飞机各系统的管理和计划机组成员的活动，进行后勤保障和各种实验。任务专家航天员最重要的任务是进行太空行走，在航天飞机轨道器的货舱内（货舱与外面相通，不加压）完成各种操作。

载荷专家主要负责航天飞机上的有效载荷和科学实验。某些有效载荷是一些非常复杂的科学仪器和实验设备，需要专门的人来管理和控制。这些人不是职业航天员，而是一些在天上工作的科学家和工程师。

在航天飞机的三类航天员中，驾驶航天员的选拔标准最严，载荷专家的要求最宽。NASA 的新规定中，对驾驶航天员申请人的基本要求与 20 世纪 50 年代末期选拔"水星"计划航天员时的标准相比，没有太多变化。当然，有些地方有所放宽，如：对年龄没有明确规定，不一定要从空军试飞员学校毕业，飞行时间从 1500 小时下降到 1000 小时，对身高的限制也明显放宽。

对任务专家航天员的基本要求是：必须是美国公民，除获得工程、生物学、物理学或数学方面的学士学位外，还必须有 3 年相关专业的实践经验（但如果有更高学历，则可替代部分或全部的实践年限：硕士学位可替代 1 年的实践经验，博士学位可替代 3 年的实践经验）；身高条件要符合 NASA 的 II 级体检标准；此外还要视力良好、血压正常、身高为 1.46~1.90 米。

对任务专家航天员与驾驶航天员申请人的要求有明显不同。首先，申请任务专家航天员更注重学历，特别是还要求有一定的专业实践经验；其次，申请任务专家航天员不要求有驾驶喷气式飞机的经验；最后，身体条件也被放宽，申请任务专家只需通过 II 级体检标准即可。但是任务专家航天员执行的许多特殊任务代表了美国的国家利益，所以必须由美国公民担当，许多优秀的人选被拦在外面。

驾驶航天员和任务专家航天员都是职业航天员，载荷专家不是职业航天员，而是随同有效载荷上天的科学家或工程师。因此，每次航天飞机飞行是否需要上载荷专家不是由 NASA 决定，而是由有效载荷所属的单位或公司决定。例如有效载荷是一些特殊的研究设备或实验仪器，上天时一定要有人在上面操纵和维护，载荷的拥

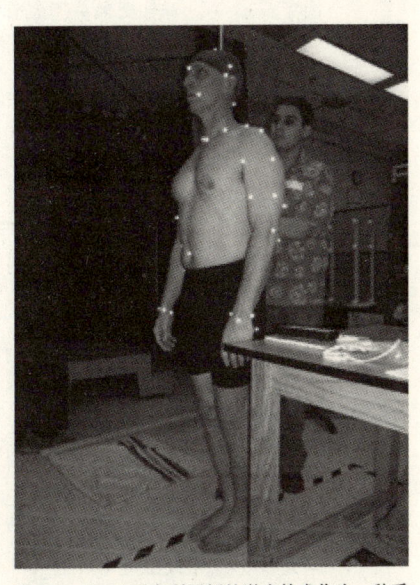

图 1.8　NASA 正在利用新的激光技术作为一种手段来收集航天员的身体测量数据

有单位必须向 NASA 提出申请，经同意后即可派一名对该设备或仪器非常熟悉和有经验的专家，同职业航天员一起上天，负责完成专门的研究和实验任务。

对载荷专家的选拔虽然没有驾驶航天员和任务专家航天员那样严格，但也有一定标准。首先，必须对所要进行的研究或实验工作非常熟悉；其次，身体健康，能通过航空航天局制定的Ⅲ级体检标准；最后还要能讲流利的英语。因此，载荷专家可以不是美国公民，但英语必须过关。

链接：日本的航天员选拔

目前已经上天的载荷专家中 2/3 不是美国人，他们分别来自 20 多个国家或地区，而且大部分国家都只有一名"代表"。

虽然其他国家的载荷专家也是按照 NASA 的标准进行选拔，但由于要选的人太少，而报名者太多，各个国家都根据本国的实际情况增加一些限制条件。例如日本对航天员申请人的条件和素质要求是：

①必须具有日本国籍；

②必须具有自然科学领域（如物理学、工学、医学、牙科学、药学和农学等）学士以上的学位；

③必须在自然科学领域研究、设计或开发方面有 3 年以上的实际工作经验，但如具有硕士学位，可以减去 1 年，如具有博士学位，可替代 3 年工作经验；

④能顺利完成航天员训练任务，具有载人航天所需的科学知识和技术；

⑤精通英语，能顺利地进行口头交流；

⑥必须符合相关生理和心理要求；

⑦必须具有日本航天员所应有的文化教养；

⑧必须能在日本宇宙开发事业团工作10年以上，并可长期在国外执行任务。

日本航天员的具体选拔过程分为初选、第一次选拔、第二次选拔和最后选拔，其中最后选拔先在日本筑波空间中心进行生理测试，再到NASA约翰逊航天中心进行体检。如果顺利通过，申请人就成为航天员候选人。根据目前NASA对航天飞机和国际空间站航天员的要求，航天员候选人要经过3年半的训练才能成为正式航天员。在这3年半的训练中，第一年为基础训练，第二年为高级训练，最后还有1年半的专门强化训练。

图1.9 3名日本航天员在美国接受失重飞机训练

中 国

我们国家选拔航天员，虽然有国外的选拔条件作参照，但毕竟还要符合中国的国情。比如，航天员的个头多高算标准，要高个子好还是矮个子好？体型选什么样的？体重多少算标准？别以为这些是个小问题，在飞船上，吃喝拉撒睡甚至是比工作还重要的事情。为了解决航天员的标准问题，早在20世纪70年代初，在我国"航天之父"钱学森的直接关怀和协调下，代号为"曙光一号"的载人飞船科研计划方案开始形成，国防科工委某研究所专门抽出 3 个人到飞行部队摸底，研究什么身体情况合格，一条一条地定了上百条，初步确定了中国航天员的选拔标准。最初的航天员临床医学检查主要是借用航空飞行员的检查内容和标准，唯一的差别是略高一点，同时增加了航天适应性选拔。

20 世纪 70 年代初，中国航天员的选拔标准规定航天员必须有飞行经验，这就把航天员的选拔局限在现役飞行员中。在同等条件下，首选歼击机飞行员。因为在所有的飞行员中，歼击机飞行员要求的条件最高。歼击机的优秀飞行员都有良好的学习和记忆能力，能够迅速牢记各种数字、符号和图像。如把技术难度分为 10 级，那么驾驶波音大型客机的水平仅属 1~2 级，而驾驶航天机就需要 9 级左右。

当时，中国从 1000 多名飞行员中选拔了 19 名，与美国和俄罗斯的挑选概率基本一致。我国的选拔标准为：年龄应在 26~45 岁，身高 1.58~1.85 米，体重 50~80 千克。这个标准，主要是考虑到飞船的空间极为有限，身材小一点，就能为飞船腾出更多空间，减少飞船不必要的载荷。而且，从人体生理学的角度讲，身材粗矮一些的人，其脊柱对抗飞船升空及着陆时冲击力的能力会更强一些。虽然后来"曙光一号"因为种种原因没有发射，但是其前期工作为以后的"神舟"系列载人飞船遨游太空奠定了良好的基础。

进入 20 世纪 90 年代后，中国航天的科技水平已是今非昔比。红红火火的对外发射服务不仅让中国航天与世界接轨，更是产生了"长二捆"这样让载人上天成为可能的"天车"。世纪之交，中国人的登天激情再次熊熊燃烧起来。

1992 年 9 月 21 日，江泽民总书记主持召开中共中央政治局常委会议，做出了实施中国载人航天工程的战略决策。在这次会议上，江总书记明确指出，要下决心搞载人航天。中国载人航天由此又掀开了崭新的一页。代号为"921"的中国载人航天工程正式上马。

1995 年 10 月下旬，空军和国防科工委从空军飞行员中展开了预备航天员的选拔。对预备航天员的身体条件要求非常严苛，如必须无药瘾、酒瘾、烟瘾，不偏食、易入睡等，甚至连痤疮、腋臭乃至打呼噜这些在常人看来无关紧要的生理现象，也在考虑之内。而包括心理功能、特殊耐力和心理素质等几个方面在内的特殊功能检查更是一般人难以逾越的关口。

选拔初期的工作进展迅速，有 1506 名飞行员符合基本条件，进行详细调查后，确定出 886 名飞行员参加初选，半年之后，97 人被确定初步合格，再经过专家分析评定，最后被选到北京空军总医院住院检查的飞行员只剩下 60 名。

60 名飞行员被分为四批，每批 15 人，分别来到北京接受新一轮更为严格的选拔，一关一关筛选下来，最后只有 20 人确定入选，不过这依然不是最终的结果。还要对 20 人的家族病史等情况进行调查，包括谁家的爷爷奶奶、叔叔舅舅等亲属的健康状况，曾经得过什么病，因何原因去世，事无大小，一清二楚。他们的妻子和孩子也被接到北京，进行详尽而严格的临床体检。

最终，12 名优秀的飞行员脱颖而出，和另两名航天员教练员一起成为预备航天员。选拔淘汰率达到了 99%，真正的百里挑一，标准之高，常人难以想象。

1998 年 1 月 5 日，由 14 名预备航天员组成的中国首支、世界上第三支航天员大队正式成立。2003 年 7 月，经上一级航天员选评委员会评定，14 名航天员全部获得三级航天员资格。从这一天起，14 名航天员都具备了独立执行航天飞行任务的能力。到目前为止，这支英雄航天员大队已经有 6 名航天员飞上了太空，他们分别是：杨利伟、费俊龙、聂海胜、翟志刚、刘伯明、景海鹏。

图 1.11　中国航天员中心标志

图 1.10　中国首批选出来的 14 名航天员

图 1.12　航天员走出模拟器，从左至右依次是：吴杰、翟志刚、聂海胜、杨利伟、费俊龙、景海鹏、刘伯明

欧 洲

最新一轮选拔

2008 年 4 月 10 日，欧洲航天局（ESA）对外宣布，将在其 17
个成员国中选拔新一批航天员。5 月 19 日，选拔活动正式启动，并
开始接受网上报名。这是 ESA 的第三次航天员选拔，也是欧洲 16
年来进行的首次航天员选拔。欧洲航天局这次计划选拔 4 名预备航
天员，但是报名人数远远超出了人们的预料。

从消息公布之日起，立刻引起广泛关注，报名参选者十分踊
跃。截至报名结束时，已有 8413 人进行了网上报名，而 1992 年选
拔收到的有效申请只有 5494 份。可以看出，同上次相比，这次的申
请人数增加了约 50 %。

ESA 的上一次航天员选拔于
1992 年结束，当时公开选拔了 6
名航天员。因载人航天计划的不
断调整，16 年来 ESA 没有再进
行新的航天员选拔。随着航天员
年龄的增加以及其他多种因素的
影响，先后有多名航天员退役。
欧洲航天员队伍规模日趋萎缩，
人数由最初的 16 人减少到现在
的 8 人。这 8 名来自 6 个不同成

图 1.13　1992 年招募的 6 名航天员

员国的航天员年龄普遍偏大——最小的43岁，最大的56岁。随着国际空间站建设的逐步推进，特别是欧洲自主研制的哥伦布实验舱在太空的成功组装，现有航天员的数量已不能满足未来欧洲载人航天任务的需求，在这种背景下，ESA决定于2008年5月启动新一轮的航天员选拔。

图1.14　欧洲航天局最初的3名航天员，从左至右依次是：克劳德·尼克列（瑞士）、乌波·欧克斯（荷兰）和乌尔夫·迈尔伯德（德国）

　　早在1977年，作为国际合作计划的一部分，ESA开始了历史上首次航天员选拔，选出了欧洲首批航天员。从此，欧洲拥有了自己的航天员。首批航天员的主要任务是参与美国早期的"天空实验室"计划（Skylab）及航天飞机计划。但是，ESA当时并没有统一的航天员大队，航天员分别属于不同成员国，进行分散式管理。

　　欧洲航天员大队正式成立于1998年。ESA是国际空间站的重要合作伙伴，随着国际空间站的建设和投入使用，预计1998—2013年的15年间，欧洲航天员将执行44次载人飞行任务。由于航天员分属不同国家，按照旧的管理模式，至少需要26名航天员才能满足任务需求。但如果将欧洲各国航天员进行整合，编制成统一的航天员大队，则能大大提高航天员的使用效率——因为仅需16名航天员就能完全满足任务需要。ESA 审慎地评估了其航天政策，最终做出了以 ESA 的核心航天员为主体、整合各成员国航天员并成立统一的航天员大队的决策。2002 年，欧洲航天员大队整合工作全部完成。

选拔标准和条件

根据 ESA 公布的时间表，此次航天员选拔周期为 1 年左右：2008 年 5 月 19 日至 6 月 18 日为网上报名阶段，2008 年 7—8 月进行第一轮心理选拔，2008 年 9—12 月进行第二轮心理选拔，2009 年 1—2 月进行医学选拔，2009 年 4—5 月确定人选，2009 年 7 月，新选拔出的航天员开始基础训练。

报名参加欧洲航天员选拔必须首先符合一些基本条件，符合这些基本条件的人才能够有机会进入下一轮选拔，并最终有机会成为欧洲航天员。这些基本条件与 16 年前的条件十分相似：申请人可

图 1.15　欧洲航天局原先的 16 名航天员

以是男性或女性，但必须是欧洲航天局 17 个成员国（奥地利、比利时、丹麦、芬兰、法国、德国、希腊、爱尔兰、意大利、卢森堡、荷兰、挪威、葡萄牙、西班牙、瑞士、瑞典和英国）的公民，年龄范围 27～37 岁，身高 1.53～1.90 米，具备良好的英语听说读写能力，具有 3 年以上相关领域的工作经验。

但是此次选拔，对申请人的学术背景或飞行背景有了更高的要求。申请人或者在自然科学（物理、化学、生物、地球科学等）、医学、工程、信息科学或数学领域拥有硕士以上学位（最好是博士学位），或者至少拥有 1000 小时以上的各种高性能飞机飞行经验并同时具有本科以上学历（试飞员不做学历要求）。这比 1992 年的选拔条件更加严格——当时对申请人的要求是 3 年以上工作经验，有大学以上学历或者具有试飞员、军用飞机驾驶员或商业飞机驾驶员执照即可。

值得一提的是，这次选拔没有对近视眼一律封杀。尽管视力有问题的人大部分可能会不合格，但视力不好的人仍然还有机会成为航天员，这给近视眼申请人带来了一线希望的曙光。对眼睛的测试主要包括视力测试、色彩感知测试和三维视觉测试。戴眼镜本身并不能成为取消候选人资格的理由，但要酌情而估。例如，如果一个人的视力缺陷明显处于迅速恶化的状态，就意味着不合格，但轻微的视力问题，哪怕是需要佩戴眼镜，都不会成为障碍，这些情况都要具体问题具体分析。

女性一直是航天员这个特殊群体中的稀有动物，到目前为止，欧洲航天员队伍中也仅出现过一位女性航天员的身影，她就是法国的克洛迪·埃涅尔女士，后来成了法国的科技部部长。无论如何，阳盛阴衰的状况在世界各国航天员队伍中是个不争的事实。专家认为，从身体角度来看，女性并没有天生的劣势。追求航天事业的女性并没有因此而遇到更多阻碍，因为载人飞船或是国际空间站的工作要的不是"力量或肌肉"，太空任务也"不需要超人"。

在航天员选拔的过程中，候选者将在载入离心机、转椅和低压舱等装置上接受各种艰苦的特殊环境因素耐力检查。女性申请者并不会因为是女性而得到优待、采用不同的标准，医学和心理检查对于男性和女性有着相同的要求。当然，也有个别与性别相关的医学检查是男女有别的。在这次选拔过程中，选拔标准将做到男女平等。与男性相比，女性并不是像某些人想象的那样"更难成为航天员"。

当然，具备某些条件会使申请人获得额外的加分，如具备航空航天知识背景；除英语外还会其他语言，特别是俄语，因为国际空间站上，俄语也是官方语言。乘坐俄罗斯"联盟号"飞船，必须要接受俄语培训。这些条件不是申请人必须具备的，但是能给申请人

图 1.16　2002 年 2 月，莫斯科附近的星城，ESA 航天员正在进行救生训练培训，为前往国际空间站做准备

带来额外的加分。

　　经过全面的心理、医学和专业筛选后，最终将有 4 名候选人在 2009 年被招为欧洲航天员。他们将接受基础和高级的任务培训，为 2013 年在国际空间站执行太空任务做准备。此外，鉴于未来月球和火星探索任务计划的需求，欧洲下一次航天员的选拔有可能在 2014 年进行。

链接：欧洲航天员薪水知多少

　　新选拔出来的航天员未来承担的主要任务包括：国际空间站长期飞行；在国际空间站开展科学实验并操作空间站系统；对空间站新的组件进行组装、开启和检查；开展生命科学实验，甚至担当生命科学实验的受试者。

　　此外，在航天飞行之余，航天员还要为航天计划提供技术支持，维持自身的飞行技能，并为公关作出贡献，例如向公众解释载人航天的重要意义。欧洲航天员是欧洲航天局的员工，因此，他们需要遵守欧洲航天局员工守则和指南。

　　航天员的薪水是一个大众非常感兴趣的话题。欧洲航天局航天员的职位被划定为薪级表的 A2/A4 级。新进入航天员大队的航天员薪水为 A2 级（约 4280 欧元 / 月）。完成基础训练后，航天员的薪水升至 A3 级。通常在完成首次航天任务后，他们薪水会升至 A4 级。其他补贴，则根据欧洲航天局的员工管理规定发放。

　　新选拔出来的航天员在德国科隆的欧洲航天员中心（EAC）上班。在训练期间，这些航天员可能会因任务需要到美国或俄罗斯进行训练，这个过程会长达数年。之后，航天员将主要在 EAC 上班。

问鼎苍穹，你可担当重任吗

天高云淡少有闲，雨雪风霜终成剑。航天员作为载人航天飞行最显著的标志，不是任何人都可以胜任的。载人航天活动是一项高风险和极具挑战性的职业活动，具有工作环境特殊、职业技能复杂、飞行任务艰巨和危险性大等特点，航天员的表现会直接影响载人航天任务的完成，因而对航天员的道德修养、身体、心理、知识储备和技能都有很高的要求。要想成为一名航天员，必须要经过层层的选拔和考验，说是千挑万选，一点都不过分。

话说当年刘备被曹操击败，桃园三兄弟不幸失散，其中关羽被曹军包围，曹操非常欣赏关羽，希望将其招降。关羽迫于局面，同意暂时归降曹操，但提出了三点要求：一是降汉不降曹；二是要确保兄嫂安全；三是如有刘备消息

图1.17　酒泉卫星发射中心

23

要立即离去，曹操不能阻拦。曹操爱才心切，同意了关羽的要求，给予了极高的待遇并赐予"赤兔马"。后来某一天，关羽得知了刘备的消息，因此立刻向曹操请辞，曹操闭门不见，故不辞而别。由于没有曹操的手谕，关羽因此一路上遭到了层层阻碍，关老夫子凭借一己之力，突破曹军五个关隘，立斩曹军六员大将，这便是"过五关斩六将"的由来。

且不论历史上是否真有其事，这个故事也并非为了突出关羽的骁勇善战，更多的是为了说明他的忠义之心和顽强的意志力。作者在这里讲这个故事，只是为了更形象地说明航天员选拔对航天员来讲，也是一次意志力大考验，丝毫不亚于过关斩将。

所谓航天员选拔，是指从特定人群中选拔预备航天员开始，到最终挑选出能够胜任载人航天飞行任务的飞行乘员组的整个过程，是不断对候选人进行各种检查、考核和评价的过程。它包括三大关：预备航天员的选拔、训练期航天员的选拔和飞行乘员组的选拔。

第一关——预备航天员的选拔

预备航天员的选拔一般包括基本条件选拔、医学选拔和心理选拔，目的是挑选出那些有希望在规定的期限内通过训练成为合格航天员的候选人，为航天员训练奠定良好的基础。

基本条件选拔

如果想当航天员，首先必须提出申请，并且按照要求填写各种

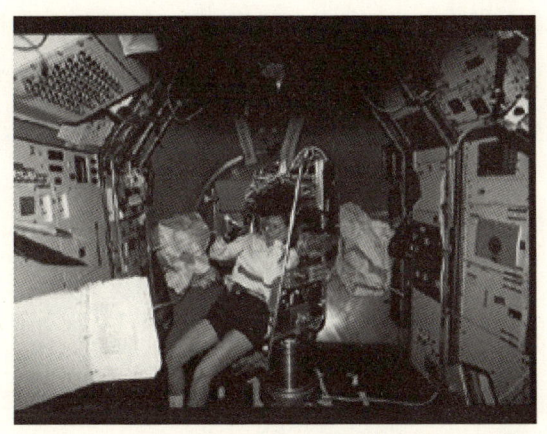

图 1.18　载荷专家在进行转椅训练

表格、提供各种个人档案、学位证书等资料。然后，选拔机构按照预备航天员选拔的基本条件对所有申请人从年龄、职业、资历和思想素质等方面进行初步筛选，这就是基本条件选拔。

目前，美、俄等国一般要求申请者要具备以下条件：年龄为25~45 岁，男女均可，热爱国家，有献身载人航天事业的愿望和精神，身体健康，心理素质优良。受过高等教育是预备航天员选拔的必备条件，不管是哪类航天员候选人，都要求最低拥有数学、自然科学或工程技术学士学位，实际上，没有高学历的任务专家候选人是缺乏竞争力的。指令长和驾驶员候选人应具备 1000 小时或更长时间的飞行经验，对任务专家和载荷专家无飞行经验方面的要求，但事实上，到目前为止，美国 100 ％ 的航天员都是飞行员实验学校的毕业生，不是军队的飞行员入选航天飞机驾驶员的可能性极小。对于载荷专家除要求高学历外，还要求有相关的实际工作经验和较强的独立工作能力。另外，随着国际空间合作的日益加强，参加国际空间站计划或搭乘美国航天飞机或到俄罗斯空间站工作的载荷专家候选人，如能说一口流利的英语或俄语，入选的可能性也会加大。据统计，美国和其他国家预备航天员入选者平均年龄为 34 岁，最大年龄为 57 岁，最小年龄为 25 岁，入选年龄在 40 岁以上的主要是任务专家。女航天员入选平均年龄为 33 岁，最大年龄为 47 岁，最小年龄为 25 岁。

我国进行首批预备航天员选拔时，对候选者的基本条件也有明确规定，如要求年龄 25~35 岁，身高 1.60~1.72 米，体重 55~70 千克，男性，大专以上学历，最近 3 年体检均为甲级，歼击机、强击机飞行员，累计飞行 600 小时以上，无烟瘾、酒瘾等不良嗜好，身体健康，意志坚定，有献身精神，有良好的相容性等。

医学选拔

由于航天飞行对航天员的身体素质要求很高，因此需要对符合基本条件的入选者进行严格的医学选拔。航天员医学选拔包括临床医学选拔和生理功能选拔两大部分，目的在于优选出身体健康、身体素质好及对航天环境有较高耐力和适应性的人。

临床医学选拔一般采用病史调查、临床各科常规检查和特殊检查三种方法进行。其中临床各科常规检查采用临床上通用的常规检查方法对候选者进行临床各科的检查，包括内科、外科、精神科、眼科、耳鼻喉科、口腔科和传染病科检查。如果选拔女航天员则还要进行妇科检查。

通过了临床医学选拔的候选人还必须经过生理功能选拔，生理功能选拔包括一般生理功能选拔和航天环境因素耐力选拔两大部分。大部分生理功能检查项目采用"Ⅰ级、Ⅱ级、Ⅲ级"，即"好、中、差"三级评定，Ⅲ级为不合格或个别评定。但有的项目只进行"合格"或"不合格"两级评价，如高空减压病易感性检查。另外，在各个单项检查评定的基础上还要进行综合评定。

心理选拔

心理选拔的目的是挑选出心理素质优良者进入航天员队伍，淘汰有潜在心理病理异常和障碍、个性偏离和障碍的候选者。这对于航天飞行的安全和航天任务的完成尤为重要。心理选拔主要通过调查、观察、会谈、测验和模拟实验方法选出心理素质好的预备航天员。目前国际上通用的心理测验方法和评价标准在航天员选拔中得到了广泛应用。

由于心理选拔内容和方法很多，所得结果不一，因此，在检查中除了有明确的心理病理性证据可以进行单项淘汰外，一般情况下都必须将调查法、观察法、会谈法和测验法所得的结果进行综合评定。

预备航天员选拔的实施

实施预备航天员选拔，一般由负责载人航天计划的部门，组织临床医学专家和航天医学专家成立选拔委员会，制定选拔标准和方法，确定选拔实施程序，执行选拔各阶段的任务，负责做出评定意见或建议。预备航天员选拔实施的时间、入选的人数和类型主要是根据载人航天计划的总体安排和要求以及现有航天员队伍的情况确定。例如，从 1959 年至 2005 年，美国预备航天员选拔时间间隔最长为 8 年零 5 个月，间隔最短为 10 个月，一次选拔人数最多为 35

图 1.19 普通民众在体验转椅

人，最少为 6 人。

　　一般来讲，预备航天员选拔需一年左右的时间完成，选拔实施分为初选、复选和录取三个阶段。录取阶段也称定选阶段，如果你有幸走到这一步，那么恭喜你，你已经获得了航天员训练的资格，不过别大意，因为训练期间还有更复杂更细致的选拔在等着你。调整一下呼吸，让我们接着往下看。

第二关——训练期航天员的选拔

　　现在恭喜你顺利过了第一关，成了一名预备航天员。但是接下来我们首先要弄清楚一件事，即不是所有的预备航天员都一定能取得航天员的资格，训练期间，仍然有无数的选拔和竞赛在等待着你。由此可见，要想成为一名有机会进入太空的航天员，"活到老，赛到老"绝非一句空话。例如，美国从第八批航天员的选拔（准备参加航天飞机飞行的航天员）开始，把选拔后的训练期也作为选拔

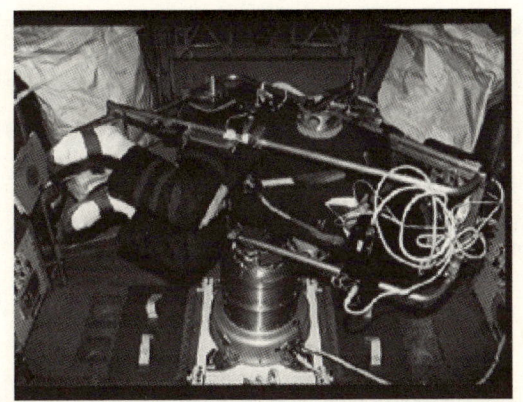

图 1.20　转椅训练

图 1.21　航天员克莱顿·安德森进行雪地生存训练

图 1.22　航天员在接受水下训练

过程，在训练过程中要进行定期的医学评定。入选的候选者要完成一年半的训练，包括水上和陆上生存训练、航天飞机和空间站系统训练等，考评合格后才能被正式吸收到航天员队伍中。俄罗斯也是如此，在未完成一般航天训练阶段之前，受训的航天员学员仍只是预备航天员，并不具备航天员资格。

选拔的项目和安排

在训练过程中，应该对受训者的思想、作风、身体、心理、知识与技能进行全面的考察。考察重点是进行全面深入的医学检查和心理观察，包括日常观察、深入的季度检查和年度检查，了解航天员在各种训练中的反应和心理相容性，深入检查候选者在飞行期间出色完成任务的能力和适应航天环境的能力。医学检查的项目与预备航天员选拔时基本相同，但无论是临床各科的常规检查，还是特殊理化检查，都进行得更加细致。在安排上，应将选拔和训练有机地结合起来，有针对性地进行检查和考察。

在预备航天员选拔阶

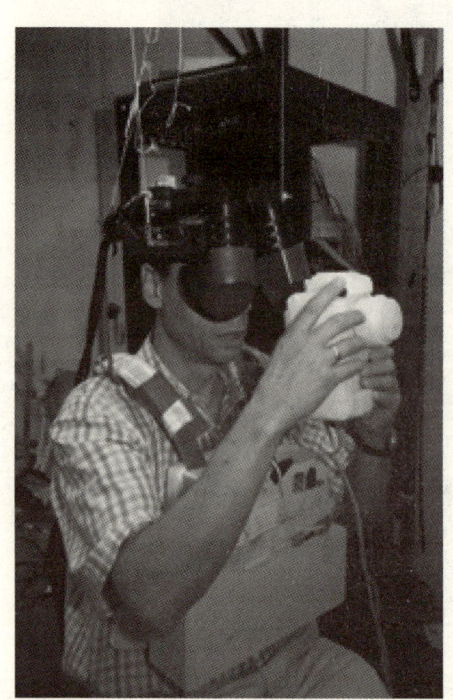

图 1.23　用虚拟现实技术模拟太空行走

段，由于候选人数多，时间有限，检查的项目有限，有些疾病往往不能被及时发现。而在训练期间，一方面，有充分的时间可以对预备航天员进行更加全面、深入、细致的身体检查，并根据预备航天员选拔时的情况有针对性地进行检查，对他们的身体健康状况和生理功能的了解和评定也将更加全面、客观和准确。另一方面，各种训练及训练考核给受训的预备航天员均不同程度地施加一定的生理和心理负荷，有些在预备航天员选拔阶段无法发现的问题，在训练期间可以暴露，即可以发现潜在的问题。例如通过跳伞、失重飞机飞行训练、隔绝训练等可了解候选者的身心反应，通过对候选者在航天环境适应性训练及模拟器训练中的观察，可以评定他们在这些条件下的耐受性和执行未来飞行任务的可能性。这不仅仅是对医学选拔和心理选拔的补充，更重要的是可以在各项训练、训练考核、生活和其他各项活动中对预备航天员和航天员进行系统全面的心理观察，并根据长期的心理观察结果对他们作出更客观、准确、科学、有效的心理评价，同时，也可发现和挖掘出他们的潜在能力。

此外，在训练期间，还要对预备航天员进行各种训练科目考核、训练阶段考核及训练结业考核与评定，对航天员的思想、作风等其他各方面进行综合考察，这些也是决定预备航天员是否能够获得航天员资格的因素。在训练期间，无论是预备航天员还是正式航天员，如果身体出现问题而被医学鉴定为不合格，就可能被淘汰。为保留航天员的现役资格，每名航天员每年必须进行全面的医学检查，合格者才能被允许保留资格。若有问题，必须停飞一段时间，如问题不能解决，则可能被淘汰。

选拔标准和方法

　　训练期航天员的选拔标准包括医学、心理、思想素质、知识与技能的考评标准和综合评定标准。医学检查与评定依据航天员年度医学鉴定标准实施，与预备航天员选拔标准略有不同。心理评价标准与预备航天员选拔标准基本相同。思想素质、知识与技能的考评标准和综合评定标准应根据航天员资格的定义和要求来确定。在医学、心理、思想素质、知识与技能考评均合格的情况下，预备航天员才能获得航天员资格。

　　训练期航天员选拔是预备航天员选拔的延续，但选拔策略和方法均有所调整。除了采用预备航天员选拔中所用的各种选拔方法之外，在训练期间更重要的是采用系统全面考察与系统综合分析相结合的方法。这种选拔方法将选拔和训练有机地结合起来，充分利用各种现场、途径和手段对预备航天员进行全面系统的、有针对性的检查和考察，发现潜在的问题，发现和挖掘出他们的潜在能力，

图 1.24　航天员在最高可达 20G 的离心机里接受训练

并将观察记录的资料与预备航天员选拔时的情况进行比较分析，以便作出更加全面、客观、准确和预见性的评价，如科学地预测某个人经过 10~15 年之后可能产生的病理情况，将训练最出色、对航天环境因素作用耐力和适应性最好、能力最强、综合素质最优的预备航天员推荐到航天员队伍中。同时，应采取各种积极的保障措施，如训练期间医学监督与医学保障计划、心理健康维护和支持计划、相关培训和思想教育等，减少和避免问题的出现，减少训练期的淘汰率。

选拔的实施

训练期航天员选拔的实施结合训练安排进行。选拔一般在训练一年之后进行，训练的每个阶段和每年度都要进行医学鉴定和考评，如果不合格，则可能被淘汰。选拔一般由负责航天员训练的单位（如俄罗斯加加林航天员训练中心、美国约翰逊航天中心、中国航天员科研训练中心）负责具体组织实施，由专门的专家委员会负责审核（与预备航天员选拔时相同），由上级航天员选拔委员会负责决策。

第三关——飞行乘员组的选拔

再次恭喜你冲破重重阻碍，终于来到了第三关，首先向已经取得了航天员资格的你表示热烈的祝贺，现在，请你站稳并深吸一口气，因为接下来将要告诉你一个不幸的消息：你并不一定有机会参加航天飞行。虽然我们知道竞争是残酷的，训练是艰苦的，过程

图 1.25　航天飞机飞行乘组

是曲折的，但是结果……是不确定的。没办法，上天的事儿人命关天，来不得半点马虎。有的人因为各种原因，如外伤和体质下降等，在训练期被淘汰，例如与加加林一起接受训练的 20 名预备航天员中几乎有一半人未能实现他们探索宇宙的梦想。

不管怎样，已经来到了最后一关，现在的你离飞天任务很近了，即将面临飞行乘员组选拔的你，继续加油吧！

选拔的名额

参加载人航天飞行的乘员组一般由不同类型的航天员组成，一个乘员组可能是由不同期间毕业的航天员组成。成员的选择与飞行任务的特点及要求有关，人数的多少则主要与航天器的规模和类型有关。飞行乘员组的每个成员分别承担着不同的任务，他们必须各司其职，协同配合，共同努力完成飞行任务。

飞船乘员组一般由 2~3 人组成，分别是指令长兼驾驶员和随船工程师，或指令长兼驾驶员、随船工程师和载荷专家。航天飞机乘员组一般由 5 名航天员组成：指令长 1 名、驾驶员 1 名、执行有关任务的任务专家和载荷专家 3 名左右。迄今为止，航天飞机乘员组人数最多时达 8 人，而航天飞机额定人数为 10 人。

在为某次飞行任务选配乘员组时，首先要考虑飞行任务对人的需求。选拔出适合该次飞行、满足任务要求的各类航天员，即指令长、随船工程师或任务专家、载荷专家等若干名，按照他们的能力、技术水平、个性特征组成合适的乘员组，并根据个人的特点进行任务分工，组成若干个飞行乘员组进行训练。其次，应选择个人身心素质、能力和技术水平接近或相当的航天员构成乘员组，并考虑乘员组成员技术、能力和个性等方面的互补以及心理相容性的问题，为圆满完成训练和飞行任务奠定良好的基础。

选拔的项目和安排

选出的乘员组必须是由身体素质、心理素质、知识与技能等方面最能满足任务需要的航天员组成，因此必须从思想素质、身体情况、心理素质、知识与技能四个方面对航天员进行全面的考核、检查和评定。在全面考评的基础上，应特别重视心理素质的评价和知识技能评定的有机结合，尤其是知识与技能的科学考评既可充分反映出航天员对知识与技能的掌握情况，又能反映出其心理稳定性、应变能力和协同配合能力。

飞行乘员组的选拔，必须充分分析和考虑飞行任务的特点和要求，不仅要对飞行乘员个体作出评价，更重要的是必须对乘员组

图 1.26　在中性浮力试验室内，测试主管和技术人员正在对训练进度进行监测

整体效能作出评价。有的航天员在某个乘组内与其他航天员配合不好，但他却可以在另一个乘组内与其他人进行很好的、高效的协同配合，因此组成合适的乘员组是飞行乘员组选拔的一个关键环节。飞行乘员组的选拔贯穿飞行任务训练的全过程，直至发射当天方可完全结束，它包括选出合适的航天员组成乘员组、确定飞行乘员组和备份乘员组以及在临飞行前对飞行乘员组进行适当的体检并最终确认参加飞行的乘员组。

由于在发射前的训练和任务准备过程中，存在航天员健康状况发生变化等变数，因此通常会为某次飞行任务选出若干名航天员组成 1 ~ 2 个乘员组进行训练和任务准备，其中一个为正式飞行乘员组，另一个为备份乘员组。通常是正式飞行乘员组参加飞行，但不能保证他们不会发生意外，例如列别杰夫接受了 6 个月严格的飞行任务训练课程，但却在执行飞行任务前不久的蹦床运动时脚严重受伤，而不得不被替换下来。

实际上，几乎所有的航天员都担任过后备乘员，有的还担任数次。有的航天员毕业后多年才得到飞行的机会。例如，波利亚科夫毕业 16 年，基济姆 15 年，尤里·马雷舍夫 13 年，利亚霍夫和别列左沃伊 12 年，格列奇科 9 年才获得首次飞行的机会。

参加过航天飞行的航天员是否能够进行第二次和第三次飞行受到各种因素的影响，当然也包括他在飞行中的表现，如完成任务的情况、身体状况、情绪和人际关系等因素。原则上是和其他航天员一样参加新任务的飞行乘组选拔，但可能是几年后再次飞行，不过也有飞行后仅几个月就被选中参加另一次飞行任务的，如航天员柳明。而贾尼别科夫虽然等待了 8 年才于 1978 年进行第一次飞行，但此后却又参加了 4 次飞行任务。

选拔标准和方法

飞行乘员组选拔标准的制定和方法的确定是航天员选拔的关键环节，在制定选拔标准和方法时应遵循选拔的指导思想、原则和策

图 1.27 "神七"飞行乘组初选训练综合考试

略，并重点考虑和解决多人乘员组的整体效能的评价问题，尽可能采用成熟技术，避免盲目追求形式上和技术上的先进性，应充分利用训练期间观察记录的信息资料和经验，采用多现场、多种手段综合应用的方法，全面分析作出客观的评价。

飞行乘员组的选拔标准一般由单项评价标准和综合评价标准、射前飞行乘员组确定标准和选拔动态调整预案组成，包括思想素质鉴定标准、医学检查与评定标准、心理素质评价标准、知识与技能评价标准、选拔综合评定标准、射前飞行乘员组确定标准以及各单项训练考核的评分标准等。

飞行乘员组的选拔从总体上来讲一般是采用由单项考评至综合评定，由个体评价至乘员组整体评价的方法。通常，应首先分别对参选航天员进行思想素质考评、医学检查与评定、心理素质测评及知识与技能考评，按单项评定标准分别作出评价结论，之后在单项评价的基础上，按选拔的综合评价标准和方法作出综合评价，确定人选，组成乘员组进行一段时间的训练后再次考评确定。在确定各项考评或检查评定方法时，应选择科学有效、切实可行的选拔方法，避免主观性和人为差错。应综合分析各相关项目的检查结果，建立综合评价的数学模型，以便作出全面客观的评价。

飞行乘员组选拔的标准和方法是随着载人航天事业的发展而不断调整、改进和完善的。航天技术的进一步发展对航天员选拔方法提出了新的要求，例如，如何评定某名航天员可以重复进行航天飞行的次数，如何确定一名航天员重复航天飞行之间的最佳时间间隔。总之，应重视不断改进航天员的选拔方法，尤其是对参加长期航天飞行的航天员的选拔。

选拔的实施

一般来讲，飞行乘员组在执行任务前 6 个月到 1 年内应选定，对于执行复杂飞行任务的飞行乘员组选定的时间还应当更早（通常 1 ~ 2 年），以确保有充分的乘员组训练时间及能够采取各种方法和措施，使成员彼此了解，相互熟悉，相互理解，相互信任，相互适应，加深感情，配合默契。具体实施一般分以下几个步骤：

第一步：分别对参选航天员进行思想素质考评、医学检查与评定、心理素质测评及知识与技能考评，按单项评定标准分别作出评价结论，之后在单项评价的基础上，按选拔的综合评价标准和方法作出综合评价，确定人选。

第二步：按飞行乘员组构成原则，组成乘员组，并定岗定位，进行任务分工。

第三步：对乘员组进行一段时间的任务训练。如有问题，可以进行必要的调整。

第四步：对乘员组进行考评并确定乘员组。

挖潜排短，岂容半点隐患

你体检过吗？除了常规体检外，每个人一生中可能都有不止一次的体检经历，为了升学，为了应聘，为了结婚，为了出国……多数体检意味着一个新希望、新旅程的开始，多数人对于这种体检抱着轻松、憧憬的心情去应对。可是你一定没有经历过这样的体检：从病史的细细追问到由头至脚的全面检查，从大而化之的核共振到细致入微的病原微生物检验，从常规的心电图到令人心慌腿软的"游乐场"项目……所有这一切无一不在提示着——这是一次非同寻常的体检。这，就是航天员选拔中极具特色的医学选拔。

无论是预备航天员的选拔、训练期航天员的选拔、飞行乘员组的选拔还是航天飞行后的再选拔，医学选拔均是航天员选拔的重要组成部分，是每一名航天员在职业生涯中必须经常迎接和面对的挑战。透过医学选拔的层层幕帐，我们无时无刻不认识到，在载人航天的征途中，希望与困难同在，荣耀与汗水交融。为了成为一名合格的航天员，首先必须面对的就是纷至沓来、名目繁多的各项体检，即航天专家们口中所谓的"医学选拔"。它主要包括临床医学选拔、一般生理功能选拔、航天环境因素耐力和适应性选拔及医学选拔的综合评定等各方面。

现在，让我们以一名候选者的身份，踏上医学选拔的征程。

与医院的零距离接触

拷问病史

"你受过严重的外伤吗？有后遗症吗？你身体表面有畸形吗？你有慢性病吗？你有潜在的精神、神经病吗？你抽烟和喝酒吗？……"

伴随着无穷无尽的提问，与医院开始了零距离接触。也许这就是"望、闻、问、切"的现代版——病史调查。病史调查是认识疾病的开始，也是诊断疾病的重要步骤之一。

所谓病史调查就是对参加航天员选拔的候选者，进行疾病情况的询问，了解个人和亲属的疾病史。病史调查的内容主要包括一般项目、主诉、现病史、既往史、系统回顾、个人史和家族史等。

鉴于航天活动的特殊性及航天环境因素对人体的影响，医学选拔中的病史了解更应全面、系统，要特别注意以下内容：心血管系统疾病史、糖尿病史、呼吸系统哮喘病史、慢性传染病和地方病史、贫血病史、神经精神病史、颅脑损伤史和意识丧失史、感觉运动障碍病史、登高恐惧史、晕厥史、过敏史、慢性副鼻窦炎病史、体脂代谢紊乱史等。同时还要特别关注平时有无晕车船症状、耳鸣、眩晕、夜盲、视物模糊和变形、复视以及烟酒和药物的嗜好史等。

对家庭亲属的病史了解也极为重要。航天员的选拔严上加严，对于家庭成员患有精神病、癫痫病或有严重的神经衰弱病史者，都考虑其可能的遗传因素，在选拔时列入重要的信息。

走进临床各科

走进临床各科，就开始了真正意义上的体检。当然，无须害怕，虽然是选拔航天员，但仍然采用临床上通用的常规检查方法。唯一不同的是，你需要接受更全面、更系统的检查。检查力求巨细无遗，目的是排除任何潜在的疾患。作为一名有抱负、有雄心的候选者，面对这群"火眼金睛"的白衣天使，尽可能展现你最好的一面吧！

链接：临床检查有哪些科目

●内科检查

如同平常体检一样，内科检查着重于对心脏、肺、血管、胃肠道、肾、内分泌器官、血液系统、免疫系统等进行严格而详细的常规检查，并详细询问其相关疾病史及传染病病史，如高血压、心脏病、心律失常、肺炎、结核、胸膜炎、胃炎、溃疡病、结肠炎等。

●外科检查

对候选者的胸腹部相关器官、皮肤等进行全面详细的检查，排除外科系统的各种疾病，并详细询问其相关疾病史。同时，也需满足航天员的人体测量学标准的要求，注意观察身体发育状况、营养状况、体型匀称与否、肌肉发达与否、精神是否饱满、反应是否灵敏协调等。

●骨科检查

对候选者的头颅、脊柱、四肢和关节等，进行严格而详细的常规检查，并详细询问其外伤史、既往病史及相关家族史，如颈椎病史、腰椎病史、关节炎等。

●神经科检查

对中枢神经系统的各个方面进行严格而详细的常规检查，并应详细询问和观察候选者神经系统方面的相关病史，如眩晕、晕厥、偏头痛、自主神经功能紊乱等，以判断有无神经系统的病变和病损部位。

●精神科检查

对候选者精神状态、外观、语言、行为、意识、思维、情感、运动、智能、定向力和自知力等方面的状态，进行常规的、严格而详细的观察和检查；发现其精神上的明显疾病，并最大可能排除其潜在的和隐性的精神疾病。

●血液内分泌科检查

严格而详细地检查候选者的血液系统和内分泌系统，详细询问其相关病史，如是否贫血等。

●耳鼻喉科检查

航空航天对耳、咽喉等器官的影响都比较明显，特别是耳的功能，如耳气压功能、听觉功能和前庭功能在航天环境中十分重要。在选拔时应对候选者的鼻、咽喉、耳以及发音、语言和听力等方面进行严格而细致的检查。

●眼科检查

严格而细致地检查候选者的视力、眼睑、泪器、眼球、结膜、角膜、巩膜、虹膜、前房、瞳孔、晶状体、玻璃体、眼底、眼压、视野和色觉等。

●口腔科检查

严格而细致地检查候选者的牙齿、牙龈、唇及黏膜、舌及腭、淋巴结、唾液腺、面部、颌骨和颞下颌关节等，并详细询问其口腔疾病史，如龋齿、慢性牙周炎、牙齿松动等。

●皮肤科检查

严格而细致地检查候选者的全身皮肤、黏膜、毛发、指甲、趾甲等的状态，并详细询问个人和家庭皮肤病史和药物过敏史，如手足癣、痤疮等各种皮肤病等。

●妇科检查

这是专门针对女性航天员的检查。

在巨大的 X 光机下

不想抽血吗？不想吃 X 线吗？不行！每一次的体检必然伴随着银光闪闪的针头、巨大的 X 光机和一台台轰鸣的神秘机器，它们探测着你身体的内部，让你的任何小小缺陷都暴露无遗。现代科技的发展，已经让实验室检查和利用特殊设备的物理检查，成为临床体检不可或缺的组成部分，也使得临床医学检验学的范围不断拓展。

实验室检查主要包括临床化验、临床常规基础生化检验、临床免疫学检验、临床内分泌系统检验、微生物学等方面的检查以及基因诊断等检查。常规的物理检查则通常包括心电图、脑电图、超声波、CT、MRI、内镜等。

"超常体验"项目

运动心（血管）肺功能检查

人体器官大部分都有较大的储备能力，在静息状态下潜在储备能力的障碍不易表现出来，而仅在功能明显降低时才会出现临床症状。为此对航天员的医学选拔检查增加了动态心肺功能检查，该项检查利用功率自行车或跑台运动设备，提供给候选者一定的负荷量，刺激人体的心脏和肺脏器官，以动员其生理潜能，评价人体心血管和肺脏系统的调节和储备能力。

检查方法

首先在进行检查之前一定要注意以下事项：

①运动前一天不进行剧烈活动，不吸烟、不饮茶、不喝咖啡或酒；

②停止服用影响试验结果的心血管药物；

③检查前着适宜运动的服装。

为了防止试验过程中的意外，试验前医生会对每名候选者进行体检，排除运动试验禁忌证，并会详细介绍运动试验过程、危险性及可能出现的并发症，试验过程中的注意事项和候选者的权利也会被告知。如果上述程序全都顺利完成的话，作为一名候选者，你所要做的，就是全心全意做好下面的工作：

候选者贴好标准 12 导联心电图的心电电极，戴好血压袖带及面罩，安静休息 10~15 分钟。测量安静时各项气体代谢指标、血压，并测量卧位或坐位及直立位过度换气时的心电图。然后站立于运动平板上，首先以一定的速度行走热身 2 分钟后，按设定好的运动程序逐渐增加运动负荷，达到目标心率平稳 1 分钟时停止运动。

运动中心电图检查采用临床常用标准 12 导联。心电图 ST-T 变化的判断，以 R 波直立的导联为准。血压的变化用专门的运动血压测量仪测量，同时用柯氏声法常规听诊测量。

在检查中当候选者因任何原因主动提出要求中止检查，或者当上述监测的生理指标的变化达到一定标准时，主试都会立即中止检查。

结果评定

美国和俄罗斯均将心肺功能检查作为航天员选拔的项目。该项检查可用于早期发现并预防由于疾病原因所致生理功能变化的某些症状，是一种排除潜在疾病的重要检查手段。心肺系统有潜在疾患者，其运动试验特征表现不同，医学专家们根据其运动试验特征给出合格与否的结论。

对于预备航天员选拔而言，一般可将其结果分为三级。耐力较好者可顺利完成运动负荷试验，无不适反应，运动中心电图无明显改变或变化较小，运动后即恢复；耐力不良者多于运动中或运动后出现面色苍白、疲劳无力、呼吸困难、胸闷等症状或主动要求中止试验。

运动负荷超声心动图检查

从运动方式到检查前对候选者的要求再到中止指标，运动负荷超声心动图检查都与运动心肺功能检查极为相似。而在功能上，却不能互相完全替代。运动负荷超声心动图检查是高度敏感、高度特异性而安全可行的诊断冠心病的方法，它对冠心病诊断的敏感性是76％，特异性是92％，明显高于心电图运动试验。因此该项检查常用于航天员的医学选拔，以进一步评价候选者心血管系统的健康状况。

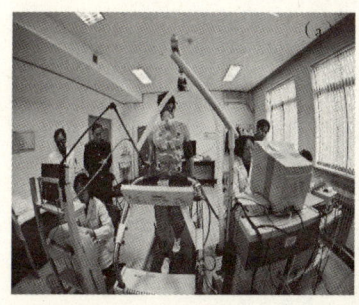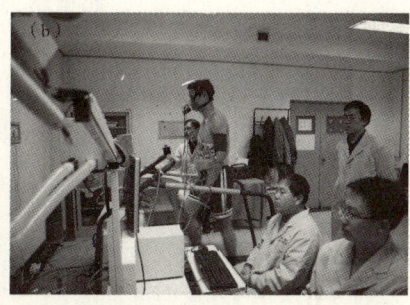

图1.28　候选者在进行运动心肺功能检查（组图）

检查方法

检查分两个步骤进行。第一步进行安静卧位下超声心动图检查；第二步在卧位自行车功量计上进行踏车运动条件下的超声心动图检查。运动中对候选者进行超声心动图检查，重点观察左室壁运动情况，测量每搏血量、心排血量及心脏射血分数，同时观察心电图、血压和心率的变化。

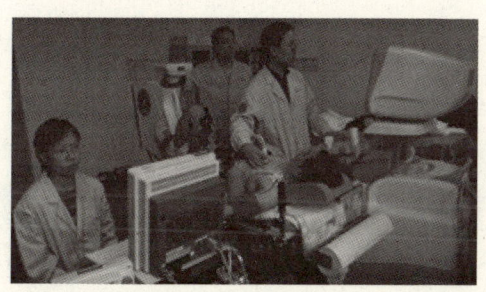

图1.29　运动负荷声心动图检查

结果评定

如果候选者在运动中表现出了左室壁运动异常或心排血量不增加甚至下降或左室排血分数在运动中不增加甚至降低，那么，就可被诊断为阳性或可疑阳性。

超重耐力检查

玩过游乐场的过山车吗？是不是觉得很刺激呢，面对高速翻滚在轨道上的过山车，许多人望而生畏，不敢登车，就是勇敢者几圈下来，也有的感觉轻飘飘的，不知东西南北，有的面色苍白，头晕目眩。一般游乐项目产生的超重只在2G左右，而航天员的超重耐力训练却要承受8G的重力！

图1.30 俄罗斯星城的离心机

图1.31 世界上最大的离心机，俄罗斯星城

"G"这个符号很专业，这是航天员训练时经常遇到的术语，如果你已经忘记了高中物理，没关系，通俗地说，1G就好比一个70千克体重的人压在你的身上，8G就像有8个70千克重的人压在身上，你能想象出这种感觉吗？是不是觉得有点恐怖？更残酷的还在于，背负着这种重量，你还得操作飞船，按照程序的规定去工作。

飞船处于弹道式轨道返回地球时，超重值将达到8.5G，通常情

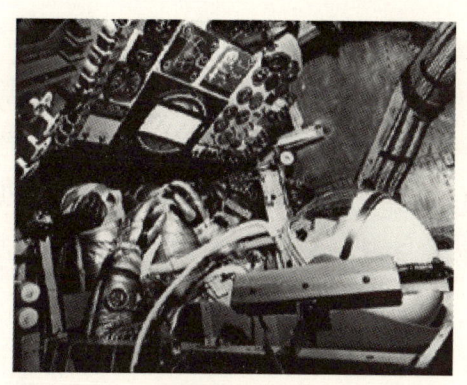

图 1.32　航天员斯科特卡彭特在做离心训练

况下，这很容易造成呼吸极度困难或停止、意志丧失、中心视力丧失甚至直接危及生命。要想驾驶飞船，就必须通过训练来增强人的超重耐力。另外，通过超重耐力检查可以进一步了解血管功能及大脑供血状况等身体的调节能力，所以超重耐力选拔一直受到国内外航天医学专家的重视。

载人离心机是检查超重耐力的主要设备，它可在地面产生离心力，模拟航天过程中所遇到的加速度。离心机上装有各种生理和物理测试仪器、电视摄像和通话系统，以便在检查中观测和记录候选者的主客观反应并作出评价。

检查方法

同运动心肺功能检查一样，在进行超重耐力检查前，候选者也必须接受相应的体检，排除潜在的危险，并遵守一定的规定，如前一天不参加剧烈运动、强体力劳动，避免过饱或过饥等。

检查过程中记录心电、肱动脉血压、眶上动脉脉搏波、动脉血氧饱和度、灯光信号对答、G 值等，并用电视监视候选者表情及询问主观感觉，离心机停转后 48 小时内进行尿样分析。

结果评定

人的超重耐力与个体的身体健康及心理健康有密切关系。健康的体魄、良好的心血管应急调节能力和呼吸功能是人体具有较强超重耐力的关键。耐受 G 值的具体标准视航天员担任的飞行任务及飞船技术水平而定。通常对指令长的要求最高，随船工程师次之，载荷专家最低。

超重耐力一般分为三级，Ⅰ、Ⅱ级为合格以上水平，Ⅲ级为不合格。耐力较好者可耐受 7.0G，持续时间为 50 秒，且候选者主观感觉较好，无视觉变化，呼吸变化轻微，心电图及尿样检查未见异常；耐力不良者不能耐受 7.0G，或不能持续 50 秒，呼吸严重困难并伴有胸痛，视觉变化明显，且伴有频发期前收缩及蛋白尿等其他指标的改变。

同样，在检查中当候选者因任何原因主动提出要求中止检查，或者当上述监测的生理指标的变化达到一定标准时，为了候选者的安全，都会立即中止检查。

低压缺氧耐力检查与耳气压功能检查

低压缺氧耐力检查与耳气压功能检查的目的是排除缺氧敏感者以及耳气压功能不良者，并进一步挖掘隐匿型癫痫和潜在的心血管疾病。当候选者需要进行这两项检查时，可利用一次检查程序，通过监测不同的指标，得出两项检查的结论。

检查方法

在进行了常规体检后，首先要进行简单而必需的培训，让候选者了解试验的程序，并学会做吞咽、张口动作。这是简单的动作，却不可轻觑，在某些关键的时刻，它可能会发挥重要的作用。

按照检查程序，你需要先排空大小便，然后，检查人员贴好各种电极，检查开始了。

你所要做的，就是在一个密封的大铁罐里，安静地坐着，认真地做好每一次呼吸动作，等着整个舱体以 20 米 / 秒的速度上升到 5000 米模拟高度后，则会停留 30 分钟，再下降至地面。

停留过程重点考查的是候选者对缺氧的耐力，而下降过程则重点考查候选者的耳气压功能。下降速度有 10 米 / 秒、7 米 / 秒和 5 米 / 秒 3 个档次，能承受最高速度下降者为耳气压功能最优。下降中只允许做吞咽、张口动作，以耳无疼痛反应为准，如果出现耳部疼痛，可换成较小的速度继续下降。下降后检查候选者的耳鼓膜充血度。下降时如果你感到不适，千万不要硬撑，只需告诉工作人员，他们就会酌情减小下降速度，否则可能会有耳鼓膜穿孔的危险。

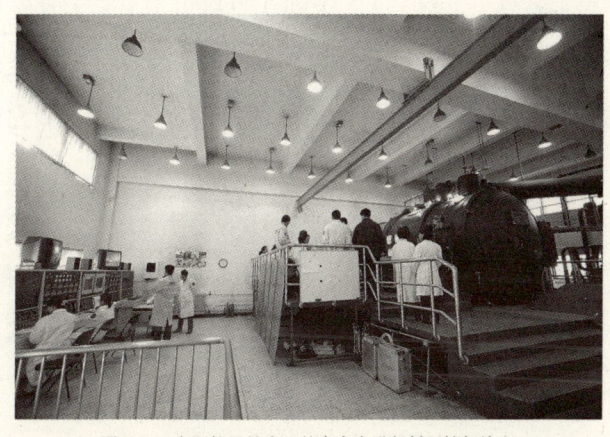

图 1.33　中国航天员中心的专家在进行低压缺氧检查

在上升前，到达 5000 米时以及在 5000 米停留过程中每 5 分钟，检查人员会检查并记录候选者的心率、血压和心电图，同时询问主诉。检查结束后，也会详细询问候选者检查过程中的主观感觉，并进行记录。所有这些数据，都将是最后对你进行评定的"呈堂证供"。

结果评定

根据候选者的症状、心率、血压和心电图变化，一般可以将低压缺氧耐力分为三级，Ⅰ、Ⅱ级为合格以上水平，Ⅲ级为不合格。耐力较好者无不适感觉，表情、举动、应答、反应和工作能力正常，心率略有增加，动脉血压略升高或保持原状，心电图无异常；耐力较差者检查中逐步出现虚脱前症状，脉搏和血压均逐渐下降；耐力不良者检查不久就出现严重的虚脱症状，有明显的头痛、头胀、胸闷、面色苍白、出冷汗或视力模糊等症状，心率、血压剧烈下降，呼吸加速等。

耳气压功能则依据选择的下降速度和鼓膜充血的程度进行功能评价。一般分为三级，Ⅰ、Ⅱ级为合格以上水平，Ⅲ级为不合格。耳气压功能较好者可耐受的下降速度较快，同时鼓膜充血程度较轻；耳气压功能不良者可耐受的下降速度较慢，鼓膜充血程度较重。

在检查中如果候选者感到不适，出现心率由较高水平突然下降至对照水平以下，或收缩压突然下降至对照水平以下并伴有恶心、出汗、面色苍白或晕厥等症状时，无论什么原因，只要候选者主动要求停止，那么检查可以在任意时刻中止。

高空减压病易感性检查

如果你报考过飞行员，那么你可能接触过这项检查。这个项目在航空中普遍采用，在俄罗斯航天员选拔中也被列为检查项目，其主要目的就是通过低压舱模拟上升高度并停留一段时间，将那些易于发生减压病的人筛选下去。

检查方法

与低压缺氧耐力检查和耳气压功能检查有很多相似之处，高空减压病易感性检查前也要进行对候选者常规体检、培训等工作。特别值得注意的是，它还要求候选者检测前一天吃高空饮食，不进行强体力活动，体检时要详细询问候选者以往飞行中是否有减压病病史，并从其临床体检资料中获取其耳气压功能、体脂含量、血胆固醇等信息。这些信息是预测候选者发病情况的重要资料。

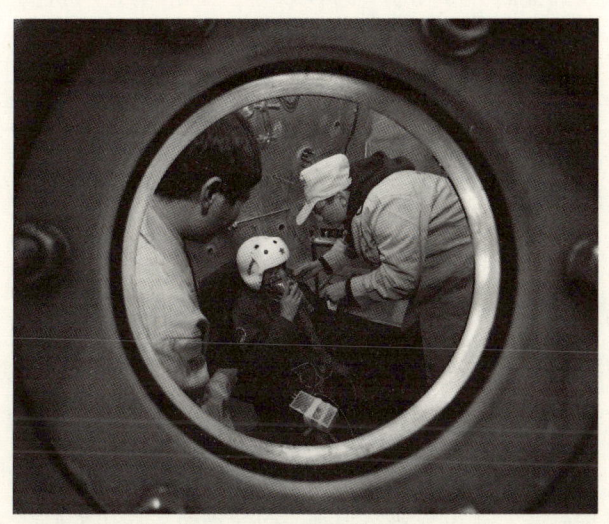

图 1.34　高空减压病易感性试验

安置好各种测试电极，戴好吸氧面罩，做好各项准备工作后，候选者首先要在地面压力下吸氧排氮 60 分钟，在此期间，检查人员将记录各指标作为对照数据。然后以 30 米 / 秒的速度上升到 7000 米模拟高度停留 3 分钟，继续以 25 米 / 秒速度上升到 10000 米模拟高度上停留 15 分钟，然后以 20 米 / 秒的速度下降到 5000 米，最后改为 10 米 / 秒以下的速度下降至地面。整个过程吸纯氧并检查回心血流气泡数和减压症状，连续检测面罩内氧分压、回心血流气泡信号、心电，密切询问和观察各种症状，并实时录音和记录。

结果评定

主要根据检查过程中候选者的主观感觉对其易感性进行评价。一般将减压病易感性分为三级，Ⅰ、Ⅱ级为合格以上水平，Ⅲ级为不合格。Ⅰ级者不易发生减压病，在检查中多不出现减压病症状，也不出现回心血流气泡信号；Ⅲ级者易于发生减压病，在检查中常出现减压病症状，如皮肤一过性刺痛、蚁走感或一过性关节刺痛等，回心血流气泡信号数目较多。

检查中候选者一旦出现任何减压病症状，或出现高空腹胀疼痛难忍等其他症状，均可中止实验。

前庭功能检查

"前庭功能"是航天员经常遇到的一个词语，相信不少人对这个词比较陌生，简单点说，如果你晕车，那就是前庭功能不行。

航天飞行实践表明，航天员发生空间运动病的发病率高低与其前庭功能好坏密切相关，出现空间运动病的人其身体健康和工作效率会受到影响，所以选拔航天员一定要把前庭功能不好的人淘汰。

图 1.35　四柱秋千舱

在临床医学体检中，虽有耳鼻喉科的检查，但还不能准确地筛选前庭功能差者，还需要从生理功能角度进一步对前庭功能进行检查，挑选前庭功能最佳者。

前庭功能检查内容的设计围绕在前庭功能中起作用的半规管、耳石等器官的基本功能状况进行，评价前庭功能优劣的方法有四种：线性加速度敏感性测定、科氏加速度敏感性测定、冷热刺激敏感性测定和动态姿态平衡功能检查。

立位耐力检查

本检查的主要目的是进一步发现候选者心血管系统的潜在疾患，了解其心血管系统的调节适应能力和储备能力。

立位耐力检查采用立位倾斜试验装置进行。本装置为一个可自由旋转的平台，其旋转角度为 0°~90°。若用此床进行头倒位试验时，其旋转角度除正向 0°~90° 外，还可从水平位旋转至所需某一负角度。要求旋转至所需角度的时间为 3~5 秒，并可迅速由立位（或头倒位）旋转回水平位。

检查方法

为了获得好的检查结果，检查前一天晚上候选者应保证充分的睡眠，检查前一餐（或中餐）不宜过饱。检查前经医监医生体检合格后方可进行检查。

被试者在倾斜床上取水平卧位静息 15 分钟后，3 秒钟内将倾斜床迅速旋转至正 75°，并在此位上维持 20 分钟，然后恢复至水平位，静息 5 分钟。测试水平卧位和立位时的心率、血压、心电图和心搏量，并记录症状和体征。

结果评定

一般将候选者立位耐力分为三级，Ⅰ、Ⅱ级为合格以上水平，Ⅲ级为不合格。耐力好者能顺利完成被动倾斜立位试验而无不良反应，自我感觉良好，立位中心率略有增加，收缩压维持在对照水平或稍有下降，但一直处于正常范围内，舒张压在试验中增加；耐力不良者试验中心率明显增高，收缩压有较明显的下降，舒张压不能维持在对照水平而下降，被检查者出现头晕、全身无力、身体有热感等症状。严重者会出现晕厥前综合征，此时心率和收缩压会突然大幅降低，候选者出现脸色苍白、出冷汗、全身无力等一系列的症状和体征。

其他检查项目

随着人类科学技术的进步和认识的不断深化，医学检查项目也在不断地调整。一方面，一些新的检查项目逐渐被认可，而被纳入到航天员检查中，如血液重新分布适应性耐力检查；另一方面，部分检查项目的选择使用也越来越慎重，仅在必要时视情况选用，如噪声耐受性检查、振动耐受性检查及高温耐力检查等。

除此之外，还要进行的检查项目有脑功能 EEG–ET 检查、静态心功能检查、下体负压耐力检查、头倒位耐力检查等，不管哪一项检查都要细之又细，详之又详。

好了，终于做完了所有的检查，看着这一长串的专业数据和理论清单是不是有点犯晕，不过现在的你可以放松放松了。因为接下来的事情已经不是你自己能做主的了，专业人士会进一步分析和比较检查结果，然后由他们来决定你是否是一块当航天员的料。

但话又说回来，医学选拔的过程似乎无比漫长，却只是航天员选拔中小而又小的一步。因为接下来你要面对的，还有心理素质的选拔。

向天问心，孰能从容相对

航天员——这个整天在太空"溜达"的行当，可不是任何人想干就能干得了的，就像唱歌、跳舞一样，它也需要一定的天赋。我们这里主要讲航天所需要的心理素质天赋。挑选具备这样心理素质的人当航天员的过程就叫心理选拔。

随着载人航天事业的不断发展，未来的永久载人航天基地和星际航行将对航天员的心理素质提出更高的要求，心理选拔也尤显重要。

心理选拔是件科学的事儿

一个人能否当航天员，他的心理素质是否符合要求，不是他自己决定的，也不是哪个人说了算的，而是有章法可循的，也就是说航天员的心理选拔是件科学的事情。

心理选拔的"章法"

科学性

选拔必须遵循科学原理，对航天职业活动进行深入的心理学分析，确定航天员所需的心理品质，制定出相应的选拔方法，并对其必要性、合理性做充分的科学论证和验证，以达到有效、可靠和实用的目的，检查结果的评定必须标准化和量化。

图 1.36　在紧急救援训练阶段进行弹射水体模拟训练

系统性

从制定心理选拔程序、确定选拔方法，到评估航天员心理状态，以及最终的选定，所有这些都是相互联系、相互制约的，这个过程如同一个链条，其中任何一环的变化都会牵动整个链条反应。所以，在考虑心理选拔每一步的走法时，一定得将其放进这个系统里去把握，以防失之偏颇、顾此失彼。

整体性

在做某位候选者是否适合航天职业的结论时，应把从社会方面、医学方面与教育方面所取得的关于该候选者的各种文件、证件和调查表等资料，结合心理选拔结果加以全面的整体的综合分析与评定，因为这些资料可能会提供有关他能力发展程度、个性特点、社交活动品质及身心健康情况等方面的补充信息。因为一个人不同

图 1.37　在航天飞机上 2 名航天员互相配合进行工作，一人读操作手册，
一人负责操作

的各方面之间是相互影响的，譬如，一个人的成长经历就在很大程度上决定了其个性特点。

描画"工作树"

究竟一个合格的航天员需要什么样的心理品质？这需要对航天职业进行一个工作分析。工作分析则好比画一棵树，而且要枝杈完整。

先画"工作树"：成功飞行是"树干"，飞行过程中的各种事件是"大树枝"，每一事件里的具体细节就是"树枝"上的"小枝杈"。每一事件所要求的心理素质和能力（往往不止一项能力）就是"枝杈"上的"果子"。照此办理，航天飞行的"工作树"就硕果累累了。下面我们就省去"树枝"，专拣"果子"来数，看看航天飞行要求航天员具备哪些能力：

具备在封闭、隔绝、严酷的环境下生活的能力

太空中工作环境恶劣，例如没有空气（真空）、失重、强辐射

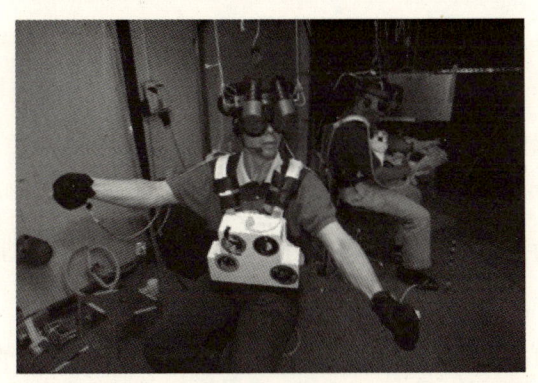

图 1.38　通过虚拟现实训练考察航天员素质

等，人根本无法"裸露"其中而生存。因此航天飞行时，航天员必须待在封闭的、空间狭小的、远离社会的太空舱内，因为这里面有人造的、类似地球的环境，有氧气供呼吸、抗辐射等，可以基本满足我们地球人所习惯的生活条件。

因此，要求航天员具备能够在封闭、隔绝、严酷的环境下生活的能力，并能进行高水平的科学试验。

具备熟练、精确、稳定的操作能力

驾驶飞船需要进行许多比较精细的操作。如在密密麻麻的仪表板上去精确地进行某个按钮的操作，出舱去进行各种航天器的修补工作，航天器进行交互对接等，都要求航天员具备精确而稳定的操作能力，否则就真是"差之毫厘，谬以千里"了。

具备在时间不足或不确定条件下的工作能力

航天飞行中，会发生许多预先不能确定的情况。因为在地球上我们是无法真实地模拟出失重环境的，也就是说无论地面上的设想如何缜密、训练如何充分，一旦到了真实太空，总是会有意外的事情发生。这也是半个多世纪的航天实践所证明了的、不争的事实。

一旦意外情况发生，很可能剩下的处理时间就会不够，还可能并不完全具备解决意外所需要的条件，因此，要求航天员能够在有限的时间内，依据有限的条件，创造性地解决意外问题。你知道阿基米德是如何快速解决鉴定皇冠是否掺假这一难题的吗？那是他在浴盆中边站、边坐、边躺时注意到水位高低的变化，从而引发了他对浮力原理的思考，最后将不同质量的金子和皇冠放进水里，结果发现皇冠排水量大于金子，才得出了皇冠掺假的结论。阿基米德所发现的浮力原理也就是著名的"阿基米德定律"。航天员需要具备的这种能力有些类似于此。

链接：航天实例

1970 年 4 月，美国载人飞船"阿波罗 13 号"载着 3 名航天员进入太空准备登月。一切按部就班波澜不惊，但是第三天晚上，指令长洛弗尔突然发现飞船正在泄漏氧气。地面的专家也无法解释原因。因为是直播，全世界的目光都被吸引到这里。地面指控中心不得不作出决定：放弃登月！计算机导航系统已经全部瘫痪，航天员只能完全依靠人工驾驶的飞船返回地球，这简直就像盲人骑瞎马一样。3 名航天员也知道他们自己生存的概率非常小，然而，别无选择，只能依靠自己与命运较量。

果然，航天器开始切入大气层后，3 分钟与地面没有联系，4 分钟过去了，仍然没有联系，在人类航天史上还没有发生过一艘飞船与地面失去联系超过 4 分钟，人们极度失望地待在那儿。

然而，奇迹发生了！全世界的观众忽然同时听到了洛弗尔镇定的声音："这是'阿波罗 13 号'，真高兴再见！"

事后，媒体询问洛弗尔："在没有计算机帮助下，你是如何准确找到切入大气层的切线的？"

"我们熄灭了飞船上所有的灯，眼睛只看着与我们成25°角的那片蓝色的太平洋，上面有条海藻铺成的绿线，正是它指引着我们安全返回！"

洛弗尔和他的同事们，处变不惊，果敢善断，利用身边可利用的资源，在千钧一发之际，找到了返航的坐标。

具备最佳的心理相容性

这主要包括人际关系、相互理解、相互协同、团结一致和领导风格等。

人人都是有私密空间需求的。而在外太空的太空舱内，"人均居住"面积很小，小到每个人只有几个平方米，而且在里面还不是待一天两天，长期飞行有时要长达几个月、上百天。尝试去设想一下，如果几个人一起待在这样的环境中，基本上没有什么私密空间，会是一种什么样的感觉？会不会烦躁？会不会因烦躁而发生彼此冲撞，甚至敌对？

图1.39 航天员心理选拔

这就要求航天员彼此之间要真正地相互接纳和宽容，情绪反应才能降低。因为一个人如果在心理上排斥某人，往往是无论别人怎么做他都会觉得不顺眼，感到别扭；反之，如果在心理上接纳某人，同样的行为可能就变得容易接受，或者并没有觉得有什么不可忍受。而且一旦有人际矛盾出现，需要具备领导才能的人从中协调甚至干预。因此，航天职业要求航天员具备最佳的心理相容性。

能坚持和忍受高强度、高负荷的地面训练

航天员上天执行任务之前，需要经过严酷的地面训练，其中航天环境适应性训练是对人的生理极限的挑战。譬如，超重耐力训练要求航天员在 8 倍重力加速度的条件下，持续 40 秒，这就类似于身上压着一块几百千克重的巨石，会造成心跳加快、呼吸困难等，与此同时还要求航天员回答问题、观察仪表、判断情况；低压缺氧训练要求航天员按照相当于 15 米 / 秒的速度，迅速地被提升到 5000 米的高空，在氧气稀薄的情况下持续 30 分钟；前庭功能训练要求航天员在转椅等设备上做各种角度的旋转，以增强抗眩晕能力。此外，还要进行失重飞机飞行训练、跳伞训练、航空飞行训练、飞船着陆冲击体验等。当身着笨重的航天服挤在狭小的模拟舱内进行飞行程序和应急工况训练时，每次训练长达三四个小时，受训者通常汗流浃背。

另外，为了应对航天器返回地球时的异常着陆，航天员要进行各种救生生存能力训练，如沙漠救生训练，就是将其投入茫茫沙漠，只有极少量的水和食物，但是必须能坚持生存 3 天、一周甚至更长的时间。

因此，要求航天员能坚持和忍受严酷的地面训练，而这些训练没有良好的心理素质作后盾，一般人是坚持不下来的。

其他能力要求

主要包括良好的感知力、记忆力、注意力、思维能力、稳定的情绪、坚强的意志和健全的个性等。

成为一名合格的航天员，需要掌握的知识门类繁多，譬如航天器的构造及其原理、飞行程序的设计原理、力学数学、空气动力学等 14 个学科的知识。而且不仅要知其然，还要知其所以然，因为在意外情况下，需要航天员自己综合甚至是创造性地运用所学的知识，作出分析、判断和决策。除此之外，为了应付非正常着陆后的生存，还要学习动植物辨识等各种求助知识。

所有这一切，都要求航天员具备过人的智力，即良好的感知力、记忆力、注意力和思维能力。当然，坚强的意志和健全的个性也是保证一个航天员圆满完成以上所有训练和航天飞行的基本素质。

确定心理选拔方法

用什么样的方法才能了解一个人是否具备作为一名航天员所要求的心理素质？

心理学经过近一个世纪的发展，已经研究出了许多成熟的、被人公认的心理素质测量方法。其中有仪器、问卷（类似文化考试的卷子）、图片测验等，它们都有各自的评分方法和标准，属于定量测量。

还有定性的评价方法，如谈话法、调查法等，它们看似有很大的主观性，实际上非常有效，不过它要求评价者要具备丰富的经

图 1.40　雪地训练

验。如同中医里的"望、闻、问、切"，临床经验丰富的中医医生，不管多么复杂、多么扑朔迷离的病案，都能独具慧眼，如"探囊取物"般地将其关键部分"拎"出来。

这些方法都有着各自不同的优势及测量目的，我们可以根据需要来选择到底用什么测量方法，用哪些测量工具。

确定心理选拔标准

每一项心理品质的测量结果达到何种程度才能入选航天员呢？

比如智力，我们都知道要当航天员得足够聪明，也就是智力水平不能低，但是智商多高才合格？这需要制定一个标准。其他各项心理品质也都要首先形成一个标准。

不过，为了确保标准合适，标准的制定需要进行实验研究，这也是一个相当严格和科学的过程。

心理选拔的"金刚钻"

"没有金刚钻，别揽瓷器活"，说的就是干活要有利器。心理选拔——看一个人是否拥有某种心理素质，要从何入手，又怎样收手。要知道，人的心理可是看不见摸不着的啊！

下面咱们就看看航天员心理选拔中常用的"金刚钻"有哪些吧。

调查法

调查法是指广泛而较为详细地收集航天员申请人的有关材料。通过文件分析（个人档案、学业成绩、证书等）、社会调查、座谈等方式，了解其生活经历、学历、飞行资历、事业状况、家庭状况、社会关系、兴趣爱好、特长和家族病史等情况，这是预选的依据，也是下一步选拔的基础。

每个人独特的成长环境、学习生活经历，会塑造出不同的个性心理特征，通过调查法可以获得一个人基本的"个性地图"，即可以看他大概的心理素质概况。

美国在 1989—1990 年间共有 2288 位申请人，对其调查资料的统计分析表明，在任务专家的选拔中学历证书占很大的比重，学分和考试成绩是判断谁将被接受成为任务专家的最佳预测值。

本人的作品像书信、日记，家属、亲戚、朋友、同学、同事和领导的评价、看法都可成为调查材料，但对这些资料必须进行客观、科学的分析，尽量减少主观成分，对关键问题，必须反复核实，力求准确无误。

观察法

观察法即有目的、有计划地对被试者的心理、行为进行观察并作出评价判断的方法。它既可以作为一种独立的方法对被试者进行观察，即申请者可以通过进行特定的活动展现出自己的心理特征，它又经常与其他方法结合进行，如在心理访谈、心理测量、特殊航天环境因素检测时（如离心机试验、低压舱试验、前庭功能试验等）和在集体活动、体育比赛中进行观察。

观察内容包括动作、表情、言语、情绪、意志、认知特点和个性特征等。

观察时，观察者不仅要事先明确目标，制订周密的计划，还需要善于观察，善于发现问题，尽量避免个人的主观判断。但是因为观察者也是人，都有自己的好恶，所以难免会有主观色彩，从而在一定程度上影响判断结果。

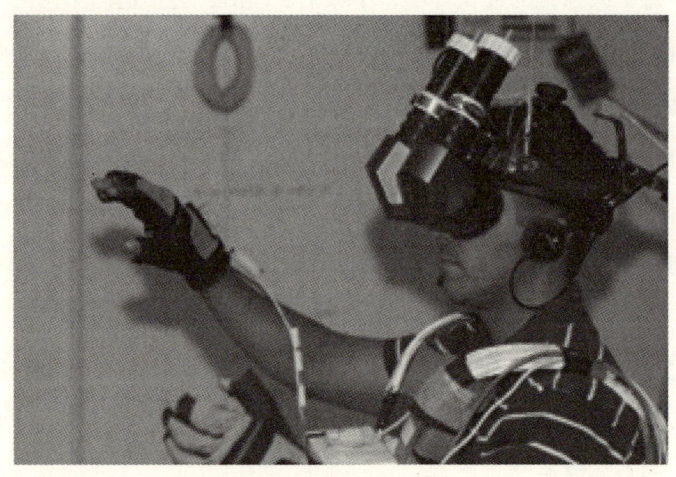

图 1.41　虚拟现实技术训练

谈话法

谈话法又称晤谈，这是心理学家与申请者通过面对面的谈话来获取信息的一种主动方法，是航天员选拔中不可缺少的方法之一。

在访谈过程中，心理学家一般主要是倾听。

访谈分为两种。一是结构式访谈，是根据事先拟定好的问题或提纲进行提问，让被访谈者按要求回答；二是非结构式访谈，是未经组织的、"随意"进行的，但也绝不是没有目的的，即使交谈听上去比较随意，也是为了寻求问题的答案。

无论采用哪种访谈形式，目的都是通过申请者对一些有针对性的问题（如家庭情况、职业活动、爱好、社会）的看法、社会交往、特殊事件、是否受过挫折等问题的回答以及在谈话中的表现，如动作、表情、是否容易与之交谈、回答问题的特点、语言的运用、情绪反应情况等，来获取其献身精神、个人经历、倾向性、性格和气质特点、记忆、思维和注意品质、职业工作能力、人际关系等方面的资料，谈话后，心理学家根据谈话结果、主观印象和被检者的表现，经过综合分析，给出评价。

运用该方法可以得到一些用其他方法得不到的有价值的信息，但对会谈专家要求较高，也较费时。

模拟实验法

这种方法是利用环境条件和设备，模拟航天中的一些环境因素，对申请者进行测试，了解其心理耐受性与适应性。

譬如不间断工作实验，就是在地面模拟航天环境的狭小空间以及与社会隔离，让被检者在一个面积与航天器类似的地下隔音室内，禁止其与他人接触，包括不见面、不通话、不看电视等，而且不准睡觉，即剥夺其睡眠的前提下，长时间地（42~72小时）、不间断地完成各种工作，测试其心理稳定性、耐受性、心理应激能力、抗干扰能力、完成工作的能力及其实现工作目标的主动性等。

例如，在隔绝噪声和振动以及闷热的模拟任务的应激实验中，对美国"水星"航天计划的申请者们的心理反应进行监测。

心理选拔的结果评定颇有讲究

心理选拔的结果评定不是简单相加，是贯彻遵循了"科学性、系统性、整体性"的"规矩"，评定方法颇有讲究。

原始分数不直接参与评定

在心理选拔中，从各种心理测验中直接获取的分数，称原始分数。原始分数本身并不具有多大的意义，例如在一个测验中，张三得6分，李四得8分，我们不能就此判断：8分的就比6分的水平高。

为了使原始分数有意义，同时为了使不同的原始分数可以进行比较，必须把原始分数转换成一种可以比较的分数，即标准分数。

导出分数就是通过特定的统计方法由原始分数转换到量表上的分数，这种分数才有意义，方可进行比较。

从某人的标准分可以看出他在所有接受测验的人群中所处的

位次，比如某人的某一测验所得标准分是 98 分，说明在此人群中，在这个方面只有 2 个人比他水平高。

综合评定

心理选拔内容和方法很多，所得的结果也不一样。因此，除了有明确的心理病理性证据可以进行单项淘汰外，一般情况下都必须将调查法、观察法、访谈法、测验法和模拟实验法等所得结果进行综合评定，才不失偏颇。

航天任务对航天员各方面心理素质的要求并不均衡，也就是说，并不是各项心理品质都同等重要。正如眼、手、脚的协调能力可能在驾驶汽车方面显得比较重要，而地质勘探则可能对观察能力要求更高。

航天心理专家根据航天任务的要求，全面权衡各项心理品质的相互关系，根据经验和以往的实验结果确定出各项心理品质的重要程度，也就是权重。

每项心理品质得分乘上自己的权值后所得分数，才为此项心理品质的最后得分；然后再与其他心理品质得分相加，最终得出一个心理总分。

另一方面要借助于多元统计分析，特别是模糊数学的综合分析方法来进行综合评定，这就比较复杂了。

总之，我们知道对各项心理品质进行科学的综合评定于情于理都是必须的。

"选出"

将不合适的或者潜在的不合适的申请者剔出，即"选出"。

"选出"的首要目的就是剔出那些有精神病家族史者、目前有精神病症状者或者具有容易在空间任务中诱发精神障碍的申请者。所列精神障碍包括：精神分裂症、抑郁症、躁狂、妄想等。

首先，采取上文中提到的访谈法，具体是精神病访谈。每位申请者都要接受至少有 2 名精神病专家的访谈，要求每一位精神病专家按照同样的顺序询问相同的问题，并且采用相同的询问风格，以避免访谈偏差。

其次，为了帮助我们进一步判断，在精神病访谈后还要进行一系列心理测试。

"选入"

识别并选出那些在隔绝、密闭、充满敌意的空间环境中有最佳表现的候选人，这就是"选入"。

心理选拔的"选入"有两种含义。一是指预备航天员的选拔，通过此次选拔说明他们在心理素质方面有资格成为一名航天员，但事实上还不是真正的航天员；另外一层含义则是"优中选优"，是为特定任务选拔最合适的人选，他们必须具备特定工作所要求的特定心理素质。如：航天飞行中的工作所要求的能力、智力等；压力和困难条件下的耐受力、潜能、灵活性以及动机等；团队相处中所需要的对自我对他人的敏感性、成熟性，建立稳定人际关系的能力，团队协作能力等。我们的"神舟五号"和"神舟六号"载人航天飞行的人选就是"优中选优"式的"选入"。

早期的航天任务对航天员能力的要求宽一些，主要是航天器驾驶方面的能力，还有较强的应激耐受力、决策力，以及追求任务成功而不是个人目的的强烈动机等。后来的航天计划则要求航天员除了具有以上能力外，还要具有工程、科学或者医学背景。

乘组选拔

航天飞行中绝大多数情况下，需要 2 人以上的航天员共同执行飞行任务，即所谓的乘组。

虽然人多可以做伴，减少了孤独感，但同时也带来了其他的问题。乘组是一个远离地球的小社会，相处和谐、配合默契能提高工作效率，否则就会能量内耗，直接影响飞行任务。

图 1.42　航天员格斯·格里逊和约翰·杨，1965年 3 月两人第一次执行"双子星座"任务时拍摄的

乘组里常见的心理现象

当你悠哉悠哉地在公园里散步的时候，突然有个陌生人向你靠近，这个时候你是不是心理上会产生一种不舒服或不自在的感觉？这种感觉很正常，因为人人都有自我"疆界"。

平日里两个人交谈时，彼此间往往会保持一定的距离，社交礼仪也是这么要求的。因为每个人都有自己的无形"疆界"，将自己与他人分开，如果他人突破这个"疆界"，被侵犯的人会感到不舒服，会起身离开"侵犯者"（自己的家人和爱人例外）。

然而，航天环境偏偏空间狭小。有研究显示，如果一个人在1.42 立方米的密闭舱内待 1~2 天、在 7.36 立方米的密闭舱内待 1~2 个月、在 17 立方米的密闭空间内待 2 个月以上，心理问题就会开始出现。

有趣的是，半个世纪的航天史上，除了空间站外，大多数航天器的人均可居住空间都小于以上三种数值，几乎没有个人所需要的私密空间。有过这样的统计，在美国的航天任务中，仅个人卫生和家务问题就占乘组事件的 40 %。可见，航天器尺寸小，自我"疆界"被冒犯，容易导致乘员间关系紧张。

航天器空间狭小，在拥挤的环境下男女反应非常不同。女人一般将小的、拥挤的地方视为友好的、有利于社交的；而男人则往往将这种环境看成是不舒服的、容易被激惹的。所以，在拥挤的地方男人比女人更具敌意。

图 1.43 航天员将航天服从"和平号"空间站搬到"亚特兰蒂斯号"航天飞机上

图 1.44 2 名美国航天员在为国际空间站的遥控系统安装电缆

性别偏见也在起作用。无论是美国的还是俄罗斯的男航天员，仍然对女性航天员持有偏见，可能觉得她们是累赘。但是俗话说得好，"男女搭配，干活不累"，女性的参与仍然发挥了积极的作用，她们削弱了男航天员的争吵或者打架等冲突行为。也有的研究发现，女性介入到男性为主的乘组中，会产生不稳定效应。人们相信，在体力上男性更强壮，在心理上女性却更有弹性。

在今后漫长的星际飞行任务中，心理学家对纯男性乘组持怀疑态度。已婚夫妇一定是可以有的，未婚的混合性别乘组也在考虑之中。但是，如果两个乘员相爱并因此发生争吵，该怎么办呢？被冷落的其他乘员又该怎么办呢？可能需要进一步做一些这方面的实验研究。

此外，国际乘组里还有一个比较突出的文化相容问题。比如在国际空间站上，航天员来自不同的国家、不同的民族，有着不同的文化背景，对职业有不同的信仰。如有的民族特别能接纳等级分明，有的则相反；有的民族文化强调计划性，而有的则主张时间弹性和随意。

乘组"相容"很关键

如果一个航天员所展示的品质和行为，其他同伴认为是合适的、恰当的，那么他们之间即为彼此相容。所以，乘组的心理选拔核心就是心理相容。因此，到底哪几个人搭配在一起最好，能实现"1+1>2"的目的，还真需要慎重选拔。

例如科学家航天员（在太空负责做科学实验）喜欢自治，一般不与别人打交道，不喜欢等级分明，觉得领导的"指手画脚"令人不舒服，而驾驶航天员（负责航天器的驾驶），一般是军人出身，更习惯了秩序井然、充满指令的环境。另外，有人建议，乘组的人数应该为奇数，这样可以防止形成两派势均力敌的力量，从而妨碍问题的民主解决。

实践证明，短期飞行中个性互补的乘员之间心理相容性比较好，长期飞行中则是个性比较类似的乘员容易彼此相容。

指令长的角色应该由乘组内最优秀的人来担任，这是确凿无疑的，因为他的威望可以令其他乘员信服。

评估心理相容性，可能要依据心理操作测验和人格测验的结果。此外，还可以通过诸如角色扮演、小组讨论、小组活动等，从中观察每个人的团队协作能力和问题解决能力，还可以发现具备领导才能的人。

出舱活动最佳人选

人类常见这样一个"坠落深渊"梦：不知怎么，忽然落入无底深渊，身体不可遏止地坠落，心缩成一团，一下子提到了嗓子眼，惊恐地尖叫，啊！梦里一再告诉自己：这是梦！这是梦！快睁开眼！一切都是假的！然后睁着惊恐的大眼睛，一身冷汗，不堪回首。

当然，这种梦反映的主要是人的焦虑情绪。但是，抛开其中的情绪不说，单看那场景，还真与出舱活动有些类似呢。出舱活动就是人类主动步入陌生的、深不可测的宇宙空间进行探索活动。

谁适合出舱

真正的航天探险就是离开保护作用的母航天器，冒险进入舱外，只有一根安全绳系着每一位进行舱外活动的航天员。所以，出舱航天员除了拥有前面所讲的航天员应该具备的一般心理素质外，还要在以下几方面特别优秀。

胆大又理性

人类在面对未知、不确定的环境时，往往会产生出恐慌感。任何一个人在首次面对深不可测的、陌生的外太空时，都会有一种莫名的恐惧。这是人类的本性。所以，胆大（冒险敢为）是出舱航天员必备的素质。

然而，国际上进行过出舱活动的航天员曾这样说：无论地面上的训练多么充分，一旦到了真实太空，总会有地面上所料想不到的事情发生。

所以，这里需要的并非不计后果、"拼命三郎"式的胆大，否则不仅获取不了宝贵的实验数据和经验，反倒会将凝聚了人类辛勤和智慧的太空探险计划，变成不负责任的儿戏。此处讲的胆大，是冷静理智分析各路情况后的顾全大局，是在危机中能够找到希望的雄才大略，是"明知山有虎，偏向虎山行"、努力将百分之一的胜算变成百分之百的艰苦卓绝。

善于适应

我们知道，在地球上拧个螺丝钉，只要找到一个力量支点，非常容易就能完成。而出舱活动中，几乎没有重力、没有压力，人漂在空中，稍稍被一指头的力量触碰，就能"飞"离原处；一个非常

图1.45 美国航天员罗伯特·贝姆肯下到海底开始舱外活动训练

图1.46 航天员在水中练习太空行走作业

简单的操作，此时都会变得相当困难，得全靠大臂用力并控制。地球上习惯的用力方式在外太空反而变成了操作的障碍。

但是，出舱活动的时间，不能无限制地延长，而是有预计时限的，因为保障航天员生命的舱外航天服内所能提供的气体是有限的。这势必要求航天员迅速地接受这个现实，尽快找到其中的"窍门"，顺利调整自己的动作方式。

图1.47 为修复航天飞机的热保护系统，美国航天员在约翰逊航天中心的热真空室内对材料、工具和技术检测进行演练

此外，还有许多新情况、新信息，都需要迅速适应。

坚毅耐受

出舱活动时，地面上很容易完成的细小动作，会使航天员消耗掉几倍于地面的体力，与此同时，航天员还要对抗服装内的低压、舱外的真空、舱外温度的剧烈变化和空间的各种辐射等，所有这些都会致使出舱航天员疲劳，而且容易出现烦躁和焦虑，使心理承受能力变弱。所以，出舱航天员要具备相当的耐受力。

危机处理能力强

真正的航天探险——出舱活动，极具危险，极富挑战，这是因为航天员必须离开保护他们的母航天器，只系一根安全绳，冒险到舱外。

虽然国际航天史上近三百次的出舱活动，已经证明了人在外太空工作的可行性。但是其间也不总是一帆风顺的，还是有不少事故发生，有的是航天员本身不适应造成的，有的是装备问题造成的。在舱外，得到他人帮助的机会很小，遇到问题必须自己面对，自己动手解决。所以，出舱航天员一旦遇到事故，要能够在危机中找到希望、通过自身努力将百分之一的胜算尽可能变成百分之百，这就是危机处理能力。

链接：人类首次出舱实例

国际上首位出舱航天员列昂诺夫（苏联）进入太空后，航天服过度膨胀，他的整个身体都在航天服中漂浮起来，不能很好地塑形，以至于他在太空漫步时非常费力，尤其是在返回气闸舱时遇到了困难。

当时情况是这样的：当他接到指令长别列亚耶夫返回的指令时，他很清楚自己当时的状态——郁闷、沮丧，因为他想根据指令双脚先进入，但是航天服的膨胀使之成为不可能。下面是列昂诺夫与别列亚耶夫当时的对话。

别列亚耶夫感觉到一定是有问题了，便打开了他们之间的通讯，问道："怎么啦？"

"没什么，"列昂诺夫尽可能让自己的声音听起来平静，以至于不要惊吓到他的同伴，"我进不去。"

"为什么？怎么啦？"指令长担忧地问。

"航天服——膨胀了——"

片刻后他又说："看起来有点严重——我再试一试让头先进——"

情况的确令人绝望。此时，航天员生命保障系统里氧气供应的最大限度已经不足 30 分钟了，而且 5 分钟后就要进入无光照区。也就是说，如果这个期限内列昂诺夫想不出进舱的办法，就只剩下死

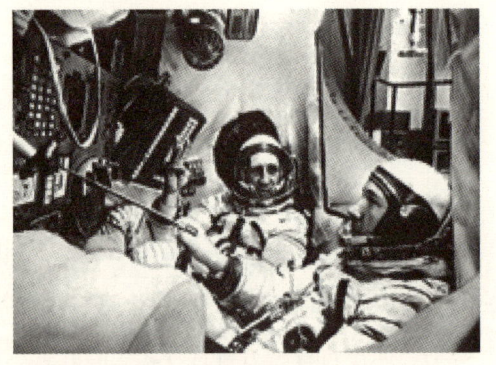

图 1.48　列昂诺夫和别列亚耶夫在平时的训练当中

路一条。当然列昂诺夫知道指令长一定敏锐地意识到了情况的严重性，并且会尽一切努力帮助他。他记起在地面时他们曾训练过，当他万一失去知觉，同伴会在失重的条件下将他拽进舱内。然而，能那样做的前提是：他的体积得可以进得去。目前的事实是他的体积太大了进不去，而且在这个深不可测的、陌生的外太空，除了自己之外没有人能帮上他！

最终，列昂诺夫找到了办法：他将服装内的压力泄到超过了应急极限，这相当于海拔 5 千米处的空气压力。他所做的这一切，没

有报告控制中心，因为他只能这么做，别无其他选择。

结果，泄压后，列昂诺夫的手得以重新回到手套中、脚得以进入靴子中，航天服恢复了正常的大小和形状。说实话，当时列昂诺夫也想到了得减压病的可能性，但是他也想到：他在外太空中的50多分钟里所吸入的绝大部分是氧气，这意味着氮气已经排出，也就没有减压病的威胁。

当航天服大小和形状恢复后，列昂诺夫开始向舱内挪近，为了避免摄像机丢在外面，他让摄像机先进舱。

列昂诺夫终于顺利进舱了。然而，他突然又意识到一个问题：他是双手先进舱的，这就是说他需要翻转过身体来去关闭舱门，而气闸舱的截面直径只有120厘米，航天服的长度却是190厘米，正常情况下在这里航天员几乎不能活动四肢。

然而，列昂诺夫必须翻转过身体，这需要耗费太多的体力。他的脉搏升到了190次/分，体温也急剧上升，而且航天服内可供呼吸的气体每分钟只有60升，这实在是太少了，要知道现代航天服有足足360升呢。这个翻转花的时间是1分半钟，可其中花的体力谁知有多少呢！到最后，列昂诺夫在出舱前后24小时内体重下降了3.5千克，每只靴子里的汗水足足有3升。

可是，从意识到进舱的严峻形势到泄压至可行程度，列昂诺夫只用了2分钟时间！

让我们分析一下这短短2分钟内列昂诺夫的反应吧。你会惊叹于他的思维流畅性：第一次尝试——训练中的拽近？——不行，体积太大！自己想办法——泄压？——减压病，不！——50多分钟的吸氧排氮——报告？他们又要研究你的供电系统和身体条件，再反馈——不！我只有30分钟，而且5分钟后飞船就要进入无光照区，飞船上又无照明！不，来不及！别无选择——做决定！

经过分析，我们可以得出这样的结论：列昂诺夫足够冷静和沉着，分析判断过程中思路清晰，决策果断勇敢！

"关键事件"选拔

出舱航天员的心理选拔属于"优中选优"。根据出舱活动对心理素质的特殊要求，在候选航天员中进行有针对性的"选入"。在"选入"方法中，关键事件法比较有效。

何谓"关键事件"

能够有效反映出一个人某一方面的心理品质的事件，我们称之为关键事件，它既可以是大事，也可以是小事。

一般说来，意外情景往往可以充当关键事件，尤其是有生命危险

图1.49 在紧急疏散训练中使用一个攀登器具进行逃生训练，紧急训练一般都很考验航天员的心理素质

的意外情景，因为它要求人们沉着冷静、反应快、在短时间内完成对各种因素的分析判断，并在有效时间内做出决策，能够使一个人的心理素质比较集中地得以展现。

这种关键事件（尤其是危及生命安全的事件）也是一把双刃剑，能激发出一个人平时显露不出来的能力（潜能），也能暴露一个人平时未被发现的弱点，人此时的各种心理反应非常真实，因为时间太紧，无暇伪装，能比较有力地反映出一个人的心理稳定性、危机处理能力等出舱活动所需要的关键心理品质。

所以，对出舱航天员的心理选拔中，比较重视他们在重大事件中的心理表现。

候选航天员们的关键事件

通过了候选航天员的选拔后，他们要进行各种地面模拟训练，而这些训练中间也时有险象出现，对每位受训者都是一个考验。

例如，候选航天员一般都要进行飞行训练。1964 年 10 月，34 岁的美国预备航天员弗里曼驾驶飞机在墨西哥湾上空完成了例行飞行，然后返回指定的空军基地。飞机刚向上爬升并向右滚时，一只 8 磅（1 磅 =0.45392 千克）重、4 英尺（1 英尺 =0.3048 米）展翼的雪雁突然撞到飞机座舱的左侧，巨大的冲击力击碎了座舱盖，玻璃碎片进入了两个发动机的进气口，趁发动机仍能工作的几秒内，弗里曼将飞机向西北方向拉升，两个发动机在 1500 米高空处突然冒出了火焰。

弗里曼觉察到了危险迫在眉睫，他竭力让飞机滑翔冲向跑道，然而，飞机已经没有足够的升力，向地面坠去。此时，弗里曼急速斜转弯，避免撞向基地的军营，之后他按下了弹射器按钮。

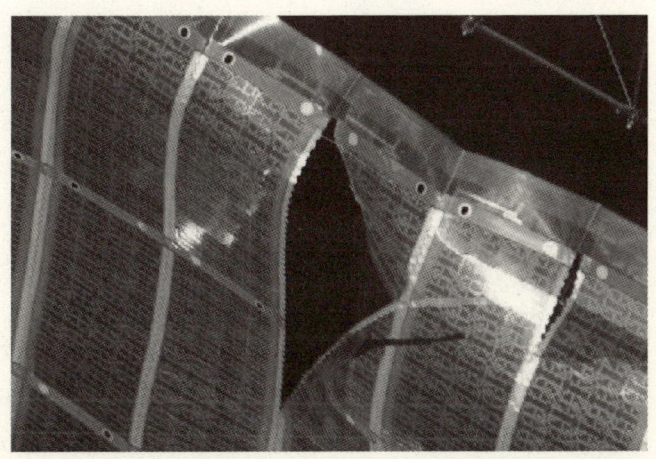

图 1.50　断裂的太阳能电池帆板，对它进行修复是一项非常危险的工作，极其考验航天员的全面素质

地面上的目击者看到飞机下降得越来越低，而后听到一声爆炸。那个"爆炸"声实际上是弗里曼在做弹射，那时飞机距离地面已不足 100 英尺了。

所以，在选择到底哪一位航天员在心理素质方面更加适合出舱活动时，要着意考察他所经历的关键事件，看他整个过程中的处理和应对是否恰当。

从这种意义上说，我们应该感谢关键事件，是它们提供了一个展示潜能的平台，在一定程度上预测了受训者在未来的出舱活动中可能的表现。

通过层层选拔和测试，胸怀梦想的健儿们终于踏进了载人航天这片广阔的天地。然而，虽然他们经历了九九八十一难的考验，却并不意味着就已经可以取到"真经"。那仅仅是万里长征的第一步，在接下来这个漫长的征程中等待和迎接他们的，是两个字——训练。

航天员的特殊作用表现在对航天器及其设备的控制、操作、照料、维护和维修以及进行科学实验或试验等方面，因此，要想成为一名真正的、合格的航天员，仅有健壮的身体、良好的身体素质和心理素质是远远不够的，还必须掌握与载人航天相关的专业知识和各种操作技能，这就要求航天员必须接受大量的专门训练。

总的说来，航天员训练一般包括体质训练、航天环境适应性训练、心理训练、基础训练、救生与生存训练、飞行程序与任务模拟训练和大型联合演练；而每一种训练又由若干项不同的训练科目组成，可谓五花八门，名目繁多。

正所谓"钢铁不炼不成钢，水汽不冰不成霜"，对于他们来说，所有的一切都得重新开始，新的领域，新的征程，新的考验。可以这么说，从入选开始训练的第一天起，航天员就一直处在严格的训练中，从不停止。"宝剑锋从磨砺出，梅花香自苦寒来"实是航天员最真实的写照。

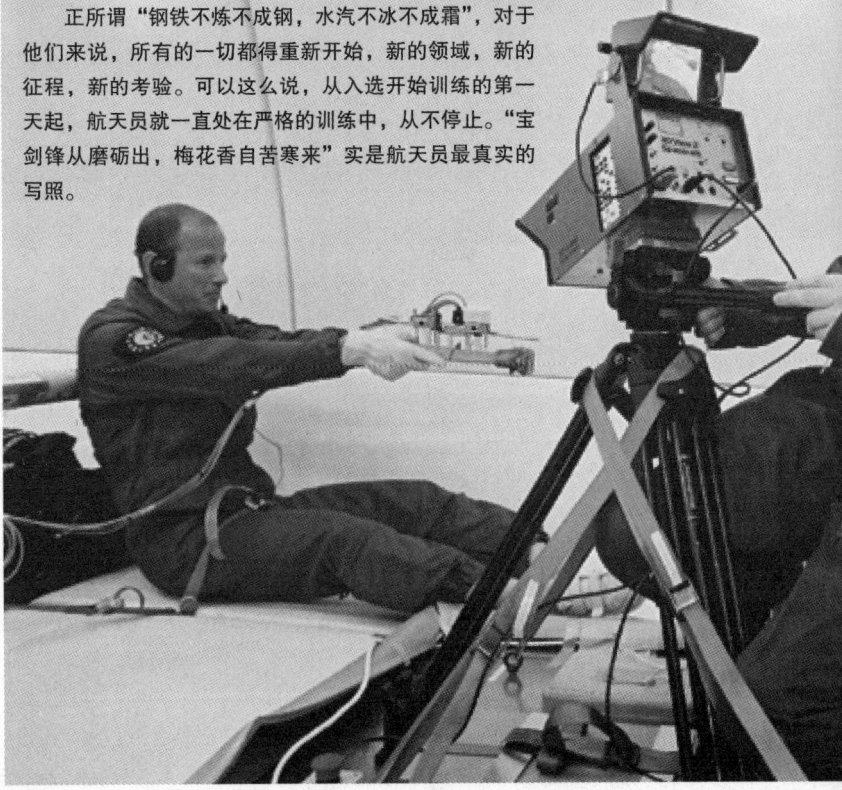

第二章
百炼成钢

天将降大任于斯人也，必先苦其心志，劳其筋骨，饿其体肤，空乏其身，行拂乱其所为，所以动心忍性，增益其所不能。

——《孟子》

在成名的道路上，流的不是汗水而是鲜血，他们的名字不是用笔而是用生命写成的。

——居里夫人

千锤百炼，体质训练

身体素质作为一个人生存的基本条件，更是适应太空环境的基础，因此，体质训练在航天员的训练过程中是必不可少的，它是航天员能够更好地适应太空环境的基本保障。

满眼的黄沙，一眼望不到边际，当空的烈日就像是一个正在慢慢下坠的大火球，把这片广袤的土地烤得寸草不生。就在这片一望无际的不毛之地，有几个身影，他们没有骑马，也没有骆驼，而是独自拖着疲惫的脚步，一点一点地艰难行进。

他们的装扮很是奇特。远远看去，只见一

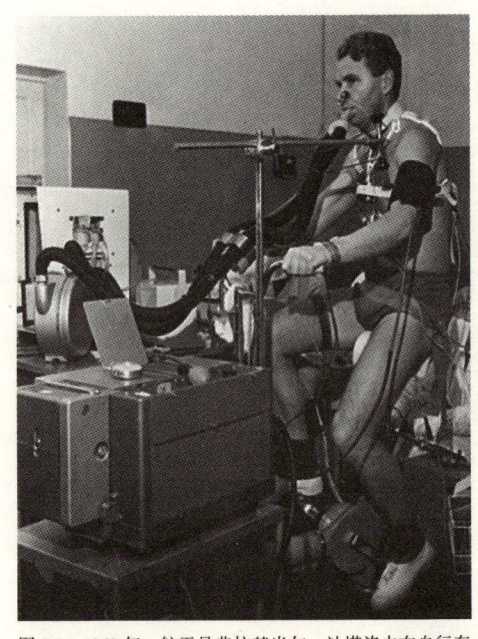

图 2.1 1969 年，航天员弗拉基米尔·沙塔洛夫在自行车测力计上锻炼

身白色的"盔甲",背上还顶着一个大大的背包;靠近一点的话,你会发现在他们这身庞大的衣服上面布满了各种新鲜和稀奇的物件,什么表盘啦、仪器啦,还有数不清的接口等。

他们是谁? 他们从哪里来? 他们在做什么?

他们属于一个特殊的群体,有着一个专有的名字——"航天员"。我们所看到的就是美国执行"阿波罗"登月计划的航天员,为了训练在月面上行走的能力,他们每天必须穿上这重达几十千克的航天服,在炎热的佛罗里达沙漠中步行 20～30 千米。

这就是他们,同时也是航天员,最基本的训练——体质训练。

体质训练在航天员的训练过程中是不可少的。它与运动员的训练和普通人的健身不同,因为航天员的体质训练有着很强的针对性,它注重的是人体的全面发展,并不像运动员一样只注重某一方面的专长。此外,它也不是从竞技的角度,而是从人体科学的角度,努力使航天员成为一个十分健康的人。同时,航天员用来应付太空环境的一些专项素质还要特别突出,比如对肌力和耐力的要求,只有这样才能够确保航天员从容地完成太空使命。

链接: 航天员的肌力训练

肌力就是指人体肌肉收缩时所产生的力量,它是人体维持姿势和完成各种动作的基础,也是一切生理活动所必需的动力。肌力训练对于普通人来说必不可少,对于航天员来说更是重中之重。为什么这样说呢?

这是由航天的职业特点决定的。航天员在未来要面对的是太空环境,在太空有超重、失重等各种环境因素,而这些特殊的环境因素都会对人的身体产生一定的影响甚至是伤害。其实，减少和对抗这些影响和伤害的一个重要法宝就是增强航天员的肌力。

例如在超重的情况下，需要强健的肌肉去对抗压力；在失重的情况下，由于人体血液重新分布，容易引发运动病，形成如暂时性失明、眩晕等一些不正常的症状，若要克服这些不适，就需要强健的肌力去参与调整；此外，失重状

图 2.2　我国飞天第一人杨利伟利用健身器材进行体能锻炼，主要是对胳膊的肌肉进行强化训练

态下，人体会出现钙丢失、肌肉萎缩等症状，航天员也要完成各种操作动作，这个时候就需要强健的肌肉来维持生理所需和提供动力。

涉及具体的训练方法时，航天员主要是利用各种健身器械，对身体的胸部、背部、腹部和四肢等各部位肌肉进行锻炼。因为肌力训练对于航天员来讲是很重要的内容，所以几乎每一次课都要安排。

- -

航天员的体质训练所包括的内容很多，上面我们所描绘的沙漠徒步行走只是其中的一项而已。除此之外，它还包括以耐力为主的长跑、游泳、爬山等，以力量为主的负重、仰卧起坐等，以灵活性为主的体操、固定滚轮、旋梯、弹性跳跃网、秋千、转椅、浪木等，以及锻炼心肺功能的跑台，自行车功量计等有针对性的运动。

这些训练科目很常见，普通人也都有参与过，但是对于航天员来说，却是很艰苦的，因为他们在训练过程中的运动量要比一般人多好几倍，甚至十几倍。例如俄罗斯"联盟号"飞船的航天员所要接受的体质训练就是，在一年半的训练时间内骑自行车 1000 千米，滑雪 3000 千米，越野跑 200 多千米，这对于普通人来说，无异于一个无法企及的"魔鬼"数字。

图 2.3 1974 年，"联盟" 14 号宇宙飞船指挥长巴维尔·波波维奇（右）观察随机工程师尤里·阿尔秋欣进行体育训练

图 2.4 1963 年，世界上第一个女航天员瓦莲金娜·捷列什科娃在进行锻炼

身体是革命的本钱。健康健壮的身体是航天员飞天之路上最基本的考验，同时也是最持久的考验。他们就是通过这种"魔鬼"训练，一步一步地踏上通天之路的。

一般来讲，航天员的体质训练大致分为四个阶段。

第一阶段：训练准备阶段

这个时期，主要通过循序渐进的小强度训练，提高航天员的耐力、灵活性、协调性、柔韧性和肌力，为进入下一步的训练打下良

图 2.5　整装待发的"亚特兰蒂斯号"航天飞机，要想成为其中的执行任务的航天员中的一名，扎实的体质训练是必不可少的

好的基础。

第二阶段：强化训练阶段

这是整个训练时期运动量最大、强度最大、也是最艰苦的时期。通过这一时期的训练，要使航天员具备保证进入太空的体质。这个阶段的训练时间大约是半年。航天员进入太空，面临着超重、失重、振动、噪声、高温等复杂环境的严峻考验，还要完成复杂的

图 2.6　1980 年，"联盟 T-9"宇宙飞船航天员兼指挥长弗拉基米尔·利亚霍夫（右）和随机工程师亚历山大罗夫（中）在飞行前的体能训练

飞行操纵动作及太空试验任务，对耐力、肌力、协调性、灵活性等有着极高的要求。

第三阶段：维持训练阶段

这是持续时间最长、技术难度最大的时期。当航天员的体质达到能够胜任太空飞行的标准后，为了避免急性损伤和慢性劳损，训练量和强度就不再增加，进入维持训练阶段。这个阶段的主要任务是保持航天员的健康水平、工作能力和敏捷反应。

第四阶段：发射场训练时期

举一个大家都很熟悉的例子。2005年，当由杨利伟等组成的首飞航天员梯队到达中国酒泉卫星发射基地载人航天发射场时，他们的体质训练就进入了发射场训练时期。在这一时期，一是使航天员保持饱满的精神、充沛的体力，主要通过健身操等做一些适量的有氧训练和肌力练习；二是配合心理保健，使航天员避免出现紧张情绪，主要做一些趣味游戏。

体质训练是艰苦的、长期的，它始终贯穿于航天员所有训练的始终。航天员正是经历这样一个艰辛而漫长的训练过程才铸就了钢铁一般的身体和意志。

为梦想而来，为梦想而战，千锤百炼。

图 2.7　1962 年，航天员安德里安·尼古拉耶夫和巴维尔·波波维奇在进行锻炼

链接：为了拆个螺钉，每天苦练举重

2006年9月9日，美国"亚特兰蒂斯号"航天飞机搭载6名航天员成功升空。在此次航天飞行中，航天员进行了多次太空行走，主要是为了完成太空行走中所要执行的安装维修任务。而在此之前，也就是在上天之前，航天员们曾专门进行了大量体能训练。

"亚特兰蒂斯号"航天飞机此次出征国际空间站，主要任务就是恢复国际空间站的建设工作，为其配置总重约17.5吨的支架和新太阳能电池板，这将使空间站的太阳能发电能力翻番。不过安装这些设备却极其耗时，航天员为此安排了3次太空行走。

图2.8　2006年9月9日，美国"亚特兰蒂斯号"航天飞机点火升空瞬间

在整个任务中，航天员不得不穿着笨重的太空服、戴着厚重的太空服手套在失重环境下工作，而且他们必须在最短时间内安装并拆掉数十个螺钉、连接管道和活动插销，以防这些电子零件冷却到不能使用。在这个过程中，那些看似简单的装卸工作，航天员却要六七小时才能完成。不能不说，这一切都需要航天员有很强韧的体力，特别是上半身的力量。

太空行走之所以费力，一方面是因为在加压的航天服内，身体本身就面临很大压力，加上失重环境下，肌肉与骨骼的力量都会损

图 2.9　女航天员皮珀正在为国际空间站安装组件

失，因而拔掉或敲进一个螺栓，对航天员身体素质都是一大考验。另一方面，在失重环境下，心血管能力也将面临极大的考验。此外，由于太空行走中，航天员的腿被捆绑在国际空间站的牵引设备上，他们必须靠上半身完成一些动作，并且要不断重复这个动作，长时间保持一个姿势（经常是6~7小时），因此对上肢的力量有很严格的要求。

　　为了圆满完成这些太空行走任务，航天员

图 2.10　执行此次"亚特兰蒂斯号"航天飞行任务的航天员

们必须事先进行大量艰苦训练。在众多的训练项目中，举重是最基本也是最重要的。为了能顺利地拆装一个螺丝钉，他们必须为之付出大量的汗水和训练，苦练举重就是其中的一项。

据本次飞行中唯一的女航天员皮珀介绍，出发之前，他们大部分时间都在体育馆中度过，包括举重锻炼前臂臂力，增强上半身的肌肉。为了适应太空环境，他们每周还必须去2~3趟重力室，并进行4次心血管训练。

另外，由于任务安排不同，他们各自的训练要求也不一样。一般说来，航天员会先进行胸部、后背、肩膀、腹部和腰部的训练，然后根据各自任务的不同，着重对某些部位进行加强。如执行太空行走任务的航天员，由于在增压的太空服中，手掌很难握紧或伸开，肩膀也很难伸展，他们必须加强手和肩膀肌肉的训练。

知己知彼，航天环境适应性训练

为了消除航天环境对航天员造成的不利影响，还要对航天员进行航天环境适应性训练，主要包括超重耐力适应性训练、前庭功能训练、失重训练、血液重新分布适应性训练及其他航天环境适应性训练。

挑战极限——超重耐力适应性训练

由于地球的吸引而产生的力，叫作标准重力，加速度为 1g，我们习惯上称重力。如果物体对支持物的压力大于物体所受重力的话，我们就把这种现象叫超重，超重时的加速度大于 1g。加速度越大，超重力就越大，对人体的影响和损伤也就

图 2.11 美国"阿波罗号"飞船的航天员在进行超重耐力训练

越大。

这样说是不是有点糊涂？别担心，举个例子你就明白了。当你乘坐电梯快速上升的时候，是不是有一种眩晕的感觉？当你在游乐场玩过山车的时候，是不是也感到一种眩晕，偶尔还会觉得呼吸困难？不错，带给你这种感觉的，就是我们刚刚所说的"超重"了。

航天员要飞上太空就要乘坐宇宙飞船，飞船在火箭的助推下克服地球引力必须具有一定的速度，而要想达到这个速度就需要有加速度。这些加速度都是大于 1g 的，而且持续的时间还很长，因此超重是航天员飞上太空要克服的首要的航天环境因素，航天员具有良好的超重耐力是执行载人航天任务的先决条件。

超重对人体的影响

航天员在进入飞船等待发射升空时，我们都会注意到这样一个画面：飞船中的航天员都是"躺"在座椅上，不是像平常人一样挺直腰板坐在上面，而是采取了一种仰卧的姿势。航天员为什么要采取这样一种奇怪的姿势呢？这就要从超重对于人体的影响来解释了。

不同方向的超重对于人体的影响也大不相同。从这个意义上讲，超重对于人体的影响可以分为两类：一种是胸背向超重，一种是头盆向超重。

简单来说，胸背向超重是指人的身体躺着，超重时产生的加速度对人体的作用部位主要集中在背部和胸部；头盆向超重则是人直腰端坐在座位上，超重时加速度的对人体发生作用的部位主要集中在人臀部的骨盆，并由此作用于头部。就人的承受能力和耐力来说，胸背向超重对人体的影响要比头盆向超重轻得多，因此航天员在飞船中多采取仰卧姿势，以此来减少飞船升空时超重对自身的影响。

具体说到超重环境会对航天员构成哪些影响的话，根据上面提到的两种分类，也有两种不同的效应，即胸背向超重效应和头盆向超重效应。

图 2.12 航天员在进行飞行模拟训练，所采用的姿势均是"躺"在座椅上，因为采用这个坐姿可以在很大程度上减轻超重对航天员的影响

链接：胸背向超重效应和头盆向超重效应

1. 胸背向超重效应

当加速度在 3~6g 时：胸痛，呼吸和讲话困难，视力模糊，需努力才能保持眼睛对焦；人的操纵、控制、判断和反应能力轻度下降。

当加速度在 6~9g 时：胸痛增加，呼吸困难、浅快，视力模糊感增加，偶尔出现"坑道视力"（类似从坑道下往上看的情况），需很大努力才能保持眼睛对焦，眼睛流泪，头、躯干和四肢不能抬起；人的操纵、控制、判断和反应能力下降；背部等受压处可出现淤点、淤斑，可发生肺气肿和肺萎陷。

当加速度在 10~15g 时：严重或极度的呼吸困难和讲话困难，胸痛剧烈，难以忍受，有明显的疲劳和衰竭感，视力完全丧失，触觉消失，头晕，其他不适也大为加重；如保持清醒，人的操纵、控制、判断和反应能力大大下降；背部等受压处可出现淤点、淤斑，发生肺气肿和肺萎陷的概率增大。

2.头盆向超重效应

当加速度在 2g 时：体重增加感，脸和躯体软组织下沉感；心、肺、脑等重要器官的机能可维持；人的操纵、控制和反应能力无明显变化。

当加速度在 3~4g 时：脸部软组织下坠感，外貌变形，呼吸困难，内脏向下移位，出现不舒服的牵拉感，甚至发生疼痛，有渐进性的视力模糊，头晕，个别被试者可发生灰视和（或）黑视；人的操纵、控制、判断和反应能力明显下降。

当加速度在 4.5~6g 时：除上述现象更加严重外，可引起视觉障碍（灰视、视力模糊、黑视），听力丧失，头昏，眩晕等；可引起意识模糊、丧失，发生中度至深度昏迷和痉挛的概率达 50%；如保持清醒，人的操纵、控制、判断和反应能力大为下降；如发生意识丧失，则有较长时间的失能期。

超重耐力适应性训练

通过前面的介绍，我们已经知道航天员在发射和返回的过程中要遇到的超重作用，它会使人的体重和体内的脏器的重量增加好几倍。在这种情况下，超重耐力低的人会因此而出现晕厥或呼吸困难。这样的话，我们该怎么做才能应付和克服这种情况呢？

不用担心。一个人的超重耐力是可以通过训练提高的。为了更好地适应和克服超重对人体各个方面的影响，航天员就要进行专门的针对性训练，以此来提高自己的超重耐力。这种训练就被称为超重耐力适应性训练。

航天员超重耐力适应性训练一般是在离心机中进行。离心机是一种特殊的训练设备，主要用于训练航天员的超重耐力以及在超重条件下操纵飞船和通信的能力。具体方法是让受训者半卧或坐在离心机的座舱里，逐渐增加离心机的转速，这时超重值也会逐渐增加，直到航天员不能耐受，再逐渐降低离心机的转速。

图 2.13　正在进行超重训练的美国航天员

图 2.14　航天员正准备走进离心机，进行超重耐力训练

当离心机按照一定的速度旋转起来时，可以模拟出载人航天器上升和返回时的持续超重状态，这时，身处其中的航天员所要承受的最大负荷，即重力加速度，会达到 8g。要是正常人在离心机上的话，达到 3g 的时候就会头晕目眩，呼吸困难，可想而知航天员的感

受会是什么样子的了。那究竟会是一种什么感觉呢？举个例子，它就相当于在航天员的胸口压了 7 个成年人的重量，而且还会持续几十秒。除了承受如此之大的超重力外，航天员还要随着吊舱的翻滚和摇摆练习腹肌和鼓腹呼吸等抗负荷动作及判读信号、随时回答提问等。每当这个时候，航天员的脸部肌肉都会被拉扯得变形，甚至有眼泪飞出来。

以上说的只是航天员平时的一般性训练，在执行太空飞行任务前的 2~3 个月，他们还要按真实的飞船上升和返回的超重曲线进行训练，从而进行一种实际体验。经过如此严格的训练之后，航天员就比一般没有经过训练的普通人，对抗超重的耐力要大许多倍。

图 2.15 专门训练航天员超重耐力的设备——离心机

链接：超重训练设备——人体离心机

人体离心机是航天员进行超重训练的设备。它能够很好地模拟飞船在上升段和返回段时的超重过载环境及其他超重过载环境。

图 2.16　各式各样的离心机——航天员的专用训练设备（组图）

图 2.17　离心机吊舱特写

　　它有着长长的可旋转的"手臂"——大转台臂架（桁架），在"手臂"的前端连着一只椭圆形的不锈钢封闭舱体，通常称吊舱。航天员在训练时就坐在吊舱里，舱体挂在大转台臂架的远端，利用回转时的惯性离心力模拟飞行中的持续加速度。

　　在整个训练过程中，离心机在旋转时所产生的加速度值、加速度增长率、持续时间和作用于被试者身上的力的方向均可控制。吊舱也能相对自由地做多种不同运动，其中用计算机闭环控制的高性能大型人体离心机能模拟飞机的各种机动姿态和作用于人体的离心力。所有的这一切都是为了模拟更加逼真的超重环境，以此达到最佳的训练效果。

在训练时，航天员坐在吊舱内，吊舱可呈一定角度转动，当离心机开动起来时，钢臂和吊舱飞快旋转，可对受试者的生理参数进行实时监测，同时设有通话及摄像监视系统并具有完善的安全连锁及安全保护功能。该设备除用于受试者超重耐力适应性训练和体检外，还可用于航天航空领域的超重医学及工效学研究和试验。

头晕目眩——前庭功能训练

你在乘坐汽车、轮船、飞机时晕过车、晕过船、晕过机吗？有过晕车经历的人一定能描述出来那种痛苦的感觉：头晕、目眩、头痛、面色苍白、出汗、胃部不适、恶心、呕吐、嗜睡等，人们通常称之为运动病。航天运动病与地面运动病症状相似，所不同的是地面的人发生运动病不会出现错觉，而航天活动中出现的运动病时常伴有错觉；地面的运动病常常是先出现恶心、呕吐，而航天中的运动病常常没有恶心的先兆，就出现突发性、喷射性呕吐，使人无法防备，航天运动病是载人航天中严重困扰航天员正常生活和工作的问题。因此，为了防止太空飞行中可能发生的航天运动病，就需要对航天员进行前庭功能训练。

前庭功能训练的内容

前庭功能训练分为主动训练和被动训练两部分。

主动训练主要进行体操、蹦床及滚轮、悬梯、浪木等器械的练习。该部分训练由体训教员来实施，目的是巩固被动训练的训练

图 2.18　航天员的前庭功能训练

图 2.19　前庭功能训练，看着很好玩，其实坐在上面的滋味是很苦的，不是一般人可以承受的

效果。

　　被动训练一般在秋千和转椅上进行。这里说的秋千和转椅，可不是普通的秋千和转椅，而是一种特殊的设备。航天员坐在上面后，按照一定的程序接受各种不同加速度的刺激，以此来锻炼前庭器官，从而提高和维持其在功能上的稳定性。

　　这种被动形式的训练在航天员前庭功能训练中颇具特色。在进行秋千训练、转椅训练及

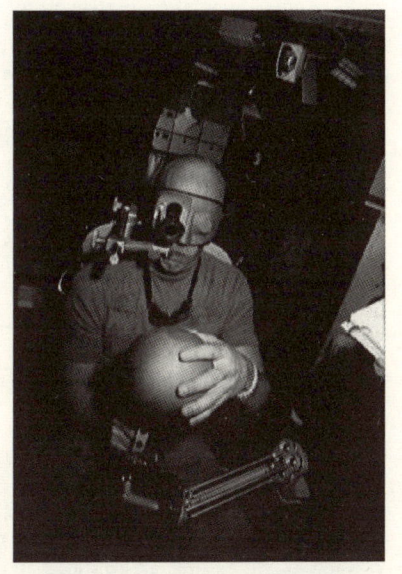

图 2.20　美国"天空实验室"执行首次任务时的指令长在进行前庭功能检查

其他形式的前庭功能被动训练时，在旁边协助航天员训练的工作人员也不能闲着，他们要认真观察航天员的面部表情及其身体各种生

理指标的变化，随时做好记录。转椅训练十分难受，一般人坐在上面，立刻会感到天旋地转，几圈下来就会两眼昏花，东摇西摆。而航天员在进行前庭功能训练时不仅要进行高速旋转，还要进行前后和左右的头部摆动，难受程度可想而知。

"电动椅"上抗眩晕

在航天员的前庭功能训练中，有一个很重要的道具——转椅，通常也叫"电动椅"。它主要用于训练航天员的抗眩晕能力。

有兴趣的读者不妨先做个试验：用左手抓住右耳朵，低头俯身，脊梁骨和地面平行，挪动脚步快速旋转。你能转几圈？恐怕转不了 10 圈你就头晕眼花要摔倒了。但是，这和航天员在"电动椅"上要承受的抗眩晕训练比起来，简直就是"小儿科"了。航天员坐

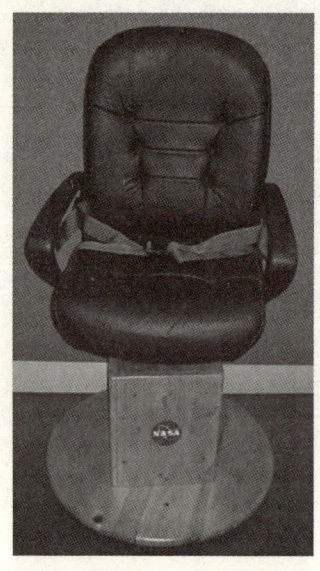

图 2.21　电动椅——让航天员泪流满面的家伙

图 2.22　航天员在电动椅上进行前庭功能训练，很炫，有点像电影中的特技镜头

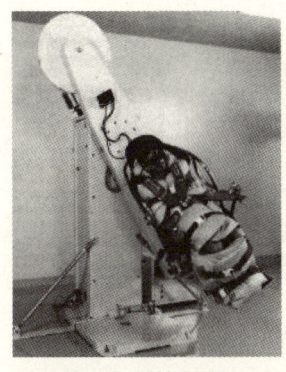

图 2.23　钟摆式转椅

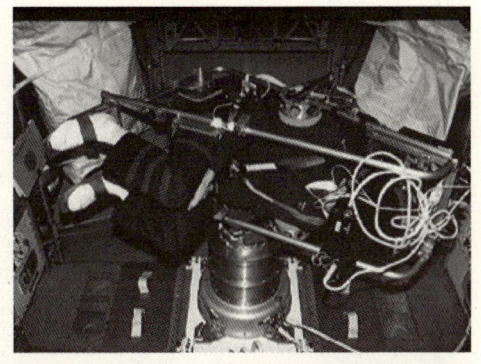

图 2.24　戴着头盔的航天员在微重力环境下进行前庭功能训练

图 2.25　自由多度的转椅，比前面那几个可刺激多了

图 2.26　正在进行训练的航天员

上电动椅后，用眼罩蒙上眼睛，打开开关，"电动椅"就开始以每分钟 24 圈的速度飞速旋转。1 分钟、2 分钟、3 分钟……就这样，要一直坚持 5 分钟，才算是合格。

在转椅训练的过程中，航天员要事先把手放在转椅的一个按钮上面，这个按钮是"呼叫按钮"，意思是说如果航天员在训练的过程中感到身体不舒服，难以再坚持下去的话，就按这个按钮。呼叫声一响，旁边的工作人员就会切断开关让转椅停下来，从而保证航天员的身体健康和生命安全。

航天员走向太空，可不像坐民航飞机那么舒服，飞船是打着旋儿一圈一圈飞速地往返于九天之间的。如果过不了这关，就意味着永远也上不了太空！因此，在训练中，不少航天员经常"自找苦吃"，加班训练。要知道，这些航天员大部分都是优秀的飞行员，开飞机的时候就不计其数地经受过这种"折磨"，可是为了飞上太空，他们还要成千上万次地练下去。

征服"电动秋千"

除了令人"望而生畏"的转椅外，还有一种设备让人"心惊胆战"，它就是"电动秋千"。

坐"电动秋千"，如同乘一艘小船在大风大浪中颠簸。攀上"电动秋千"后，航天员也要先蒙眼睛，在身上贴上电极传感器。随后，"电动秋千"就前后左右摇起来，越摆越高，前后能摆出15米！这种摆动，按照一定的周期和规律将人的血液一会儿送上大脑，一会儿甩向下肢，眼看飘飘悠悠到了顶，突然又猛地在加速度作用下"悠"下来，没有经受过专门训练的人，这一下子就可能把胃液喷出来！

这匹让人望而生畏的"烈马"，着实让人难以驯服。因此坐"电

图 2.27　这个造型不错——"超人来啦"，的确，对于我们来说，航天员个个是"超人"

动秋千"可不能单凭着一腔热情硬逞英雄。每次在接受训练之前，航天员都要接受细致的检查，如果身体不适或者有其他不正常的地方，一律不许训练。不但在训练前要进行

检查，在训练过程中也一样，一旦发现航天员血压太低的话，就要立即停止。所有这些，都是为了保证航天员的人身安全。

其实在训练的过程中，开始时不少航天员一坐就恶心呕吐。有时坐一次，会好几天没有食欲，更别说自己

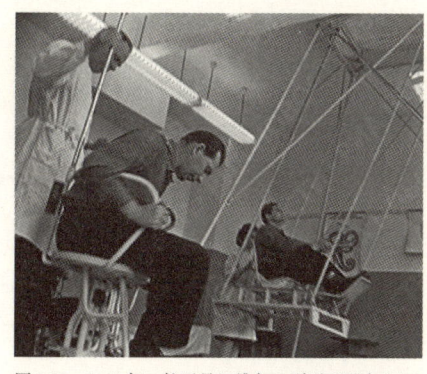

图 2.28　1964 年，航天员巴维尔·别列亚耶夫（左）和鲍里斯·沃雷诺夫别分别在"转椅"和"电动秋千"上进行前庭功能训练

在训练之余再上去荡悠一番了，甚至看见别人训练，自己的胃里也立即翻江倒海，成了一种痛苦的条件反射。航天员由此所承受的痛苦可想而知了。

链接：季托夫与航天运动病

第一个出现航天运动病症状的是苏联"东方 2 号"的航天员季托夫。

当他从发射段的超重状态进入失重状态时，立即产生了飞船在倒飞和头朝下的错觉，1.5 分钟后这种感觉消失。几分钟后在他对飞船进行检修时，忽然感到自己的头在摆动，令人头晕目眩，同时出现了恶心、胃部不适等症状，头部运动时这些症状加重，睡眠时减轻。季托夫在整个飞行期间都感到身体不适，直到返回地面后症状才消失。

"超人"体验——失重训练

失重是太空与地面环境的最大区别。当载人航天器（宇宙飞船、航天飞机、空间站等）远离地面 400 千米之后，地心引力就逐渐消失了，此时，人体血液会被重新分配。头部血量增多，下肢血量减少。航天员会感觉到自己的脸突然"胀"大了，脚也似乎缩到躯体里去了。这种感觉有些类似于乘电梯猛然下坠时的感受，人体会感到很不舒服。意大利航天员拉贝尼曾这样描述太空失重状态："胃里的食物在向上涌，脑袋也因为充血而晕晕沉沉的。四肢无力地散在躯干周围，要不是看上一眼，你都不知道它们正处于什么姿势。"

图 2.29　1963 年，苏联的航天员在失重条件下进行训练

处于这样的状态下，人将迅速失去空间感和方位感，也就是人们常说的"找不着北"。经过一段时间后，习惯了地面生活的人就会对失重环境产生强烈的恐惧感，甚至失去自我控制的能力。因此，对航天员进行失重训练，帮助航天员了解和熟悉太空中的失重环境，体验在失重条件下的感觉和反应，对航天员顺利完成航天任务具有十分重要的意义。

"飞机过山车"

过山车是一种惊险刺激的游戏，当车体从最高处高速下滑时，大部分乘坐者都会不由自主地尖叫起来，这是因为快速下降时，使人产生类似于失重的异样感觉。而乘坐"飞机过山车"却正是目前美、俄等航天强国对航天员进行失重训练最主要的方式。

所谓"飞机过山车"实际上指的是利用飞机作抛物线飞行，以模拟失重状态的一种训练方式，其原理和过山车颇有些相似之处。

训练开始时，飞机处于水平状态，接着机头向上抬起到45°，沿着抛物线向上飞，直至飞到抛物线的最高点后再高速向下俯冲。在整个抛物线飞行阶段里，机舱内的人会进入失重状态，整个过程大约可以持续数十秒。如果在空中连续做多个抛物线飞行的话，就能够产生重复的失重环境。例如，俄罗斯的"伊尔-76MDK"失重飞机一个起落可飞 15~20 次抛物线，每个抛物线可产生 25~28 秒的失重时间；美国的"KC-135"失重飞机一个起落可飞 20~30 次抛物线，每个抛物线可产生 25 秒左右的失重时间。

图 2.30 这种过山车很常见，大部分人也都玩过，但是，你可曾坐过"飞机过山车"

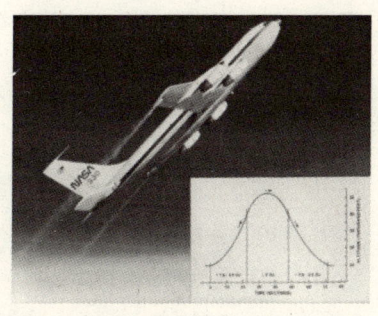

图 2.31 "飞机过山车"（失重飞机）及其飞行原理图

在这段时间里，航天员可以进行各种训练活动，比如吃东西、喝水、穿脱衣服、闭眼与睁眼的定向运动等。首位飞上太空的华裔美籍航天员王赣骏博士在乘坐"挑战者号"航天飞机升空之前，曾在美国的"KC-135"失重训练飞机上，坐过400多个小时的"飞机过山车"，进行抛物线飞行6000多次。

图 2.32 "飞机过山车"中的"游客"（航天员）——这可比普通的过山车刺激多了，人都可以漂浮起来的

链接：失重飞机训练的内容

利用失重飞机产生的失重环境，可以对航天员进行两个方面的失重训练：

1. 失重条件下人身体的一般感受和反应体验、漂浮训练、定向能力训练等，目的是提高航天员在面对失重环境时的心理稳定性，并学会在失重条件下保持姿态平衡和运动的方法，使航天员从生理、心理和身体运动等各个方面适应失重环境。

2. 进行进食饮水训练、航天服穿脱训练、摄影录像训练、仪器设备操

图 2.33 失重飞机训练——穿脱航天服

作训练以及舱外活动能力训练等，目的是提高航天员在失重条件下生活和工作的能力，使之从生活和工作方面适应失重环境。

"超人"体验

失重飞机通过抛物线飞行，可以产生连续几十秒的失重，也可以产生与月球和火星相似的重力水平。失重飞机训练是航天员训练中最具特色的一种，不同的人在进行失重飞机训练时，会有不同的感受。NASA 的 2004 届航天员为我们讲述了他们在进行失重飞行训练时各自不同的训练体验——这也许对你将来体验失重飞机有所帮助。

2004 年 10 月 13 日，我们终于有机会体验火星和月球上的微重力了。我们乘坐的是 NASA 的"KC-135""失重奇迹"，它也被人们充满感情地称为"呕吐彗星"。NASA 的"KC-135"飞机基本上是一种改装的喷气货机，有一个空机身。飞机携带人和载荷飞行到墨西哥湾上空，通过抛物线飞行，能模拟出各种重力水平。它的一个起落可飞 20~30 个抛物线，每个抛物线可产生 25 秒左右的失重时间。飞机以大角度向上攀升几分钟，然后让机头向下以大角度落向墨西哥湾。飞机上所有的人和物品都以相同的速度向下落，这样就能模拟失重环境，改变下落形状或者抛物线，就能够模拟出月球或火星上的重力水平。我们很幸运地在"KC-135"上进行了飞行，因为这种飞机在 10 月 29 日进行最后一次失重飞行之后就会正式宣布在几年后退役。NASA 将很快用"DC-9"取代"KC-135"。

完成这些训练后，别人经常问我们这样的问题：你感觉如何？失重飞行像什么？嗯，我们的队友是这样说的：

一开始，你感觉血液上升到胸部和脸部，然后，你意识到自己的脚不再接触地面，并向天花板飘去。一旦你掌握了在飞机内飞行

图 2.34 "超人"体验——失重飞机训练（一）

图 2.35 "超人"体验——失重飞机训练（二）

的技能，就开始感觉自己的脚和腿拖在自己的身后，而不是在你的下面。每次飞行的时候，你都被蓝色的飞行服装所包围，东南西北各个方向都有。

图 2.36 在失重飞机训练中的航天员，造型各异

到处是胳膊和大腿，到处是欢乐的笑声。

我们努力确定在零重力条件下，能够完成什么任务。为了能够集中注意力，或者能够在零重力情况下完成好工作，我们必须知道在零重力情况下如何反应、移动和控制自己。

我对零重力的最初反应是头脚颠倒。我知道飞机并没有翻转180°，但是我的大脑告诉我，自己颠倒了，以至于双手紧紧抓住座位。我也非常惊讶地发现，轻轻地一推，撞到飞机的另一侧会有那么重。

图 2.37　要学会控制自己的姿势，集中注意力你就能做得到

图 2.38　这个姿势够"酷"吧！这可不是一般人能完成的

　　我认为完全自由运动的感觉令人非常惊异。很难用语言来描述，自己从飞机的一端到另一端的是"超人"的感觉。我想，在我们个人经过"KC-135"飞机训练后，全班人一起体验失重，确实很特别。

　　非常有意思。开始时，在零重力情况下平衡和控制自己的身体是一个很大的挑战。但是我们很快就熟悉了新的环境。随着时间的推移，我在零重力条件下移动身体越来越轻松。我盼望着人们能生活在不同的重力环境中。

　　零重力体验中，各个方向上完全自由运动的感觉，没有上和下。我在月球和火星重力抛物线飞行中，做俯卧撑得心应手，很是享受。

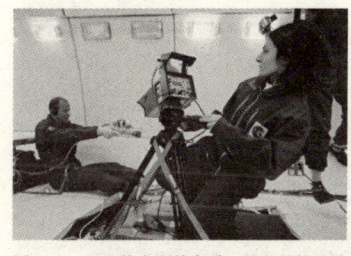

图 2.39　可不能光顾着享受，最主要的还是练习如何在失重条件下操作各种设备

图 2.40　要想做到得心应手可不容易，你得通过不断的训练和总结才能做到

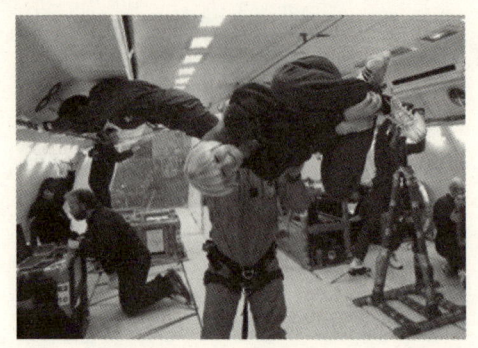

图 2.41　这让我感到很神奇，失重条件下的生活，总是让人如此着迷

因为在我自己过去的飞行经历中，曾经多次体验过接近零重力的飞行，我认为这次飞行和过去的经验应当没有什么太大的区别。但我却大错特错了！因为我发现，失重状态下束缚在座位上和能够自由飘动之间有着太大的差别。我遇到的最大的差别是，自由的感觉，我可以用很小的力推一下自己，然后毫不费力地飘过机舱。我也看出，简单的动作在太空中完成是多么困难。我们试图旋转抱成一团的同学，却发现自己也旋转了起来，尽管我自己试图保持不动。我还把他的头撞到了地板上——非常抱歉。他转我的时候要好多了。最有趣的事情是，我躺在飞机最远端的地板上，然后离开地板，飞过整个"KC-135"的机舱。第二件趣事是在模拟火星重力时踢足球，结果是大家在飞机上乱作一团。总的来说，这是一次难忘的经历，它激励着我们完成好后续的训练。

体验微重力是我一生中最令人敬畏的经历。没有重力的束缚确实很棒，就像是没有任何束缚的潜水，我急切地盼望能到太空旅行。

我发现最有趣的事情是，我们对零重力的反应与

图 2.42　注意啦，一不小心就有可能失控"碰壁"

对月球重力的反应是如此不同。零重力抛物线飞行开始时，我们大部分人都不知道干什么，因为这种感觉对我们来说是全新的。我们一旦感觉熟悉了，我们就开始试着做地球上不能完成的事情，如飞过整个飞机的距离，或者沿着机身的直径跑步。我们开始月球和火星抛物线飞行的时候，每个人都做地球上做

图 2.43　在失重飞机训练中练习喝水，看上去可不是一件容易的事

的事情，如踢足球、摔跤，因为这很容易又有趣。我记得约翰·扬告诉我们在月球上工作非常棒。这次"KC-135"之旅证明了，与地球上做的动作是相同的，但是低重力使这些动作更加容易。

链接：失重训练设备——国外失重飞机简介

20 世纪 50 年代，各航天国家开始利用失重飞机的抛物线飞行获得失重环境。

美国先后将歼击机、运输机和空中加油机等多种机型的飞机改装成失重飞机。早期由"C-130B"型运输机改装的失重飞机获得了约 15 秒的失重时间，后来采用"KC-135"喷

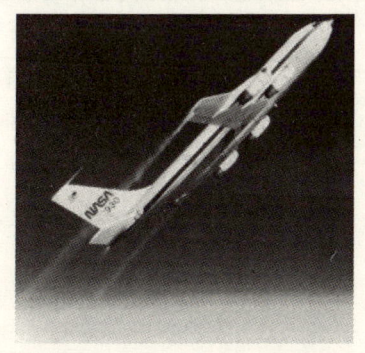

图 2.44　美国的"KC-135"失重飞机

气式空中加油机进行改装，获得了约 30 秒的失重时间。此外，美国还对一些战斗机加以改装，进行失重飞行，最长的曾获得了约 80

秒的失重时间。"KC-135"失重飞机至今仍是美国训练航天员和考察失重环境下各种装备和设施工作能力的主要机型。

图 2.45 俄罗斯的"伊尔-76"大型失重训练机

苏联曾用"图-104"飞机进行改装，获得约 30 秒的失重时间。目前，俄罗斯训练航天员的主力机型是由重型运输机"伊尔-76"改装的大型失重飞机。

图 2.46 法国的空客"A-300"失重飞机正在作抛物线飞行

这架"伊尔-76"训练机，舱长 14 米，宽、高均为 3.5 米，共有 20 只轮子，50 米翼展，载重量为 40 吨。停在机场上，看上去就像一只大鸟伫立在那里。现在，俄罗斯宇航中心向游人开放，这架航天员训练的飞机普通人也可以租借。游客如果乘坐俄罗斯航天员训练用的"伊尔-76"等飞机作抛物线飞行，费用约为 5000 美元。

法国曾将一架客机"快帆-234"改装为失重飞机，日本也于 1990 年将一架轻型客机"Mu-300"改装为失重飞机。

尽管其他国家也都在进行相应的失重飞机的研制工作，但到目前为止，性能最好，应用最多的也只有"KC-135""伊尔-76"和"快帆-234"这三种。

颠三倒四——血液重新分布适应性训练

血液重新分布适应性训练是指利用旋转床进行头低位和头高位改变，使血液不断进行头向转移（血液由脚向头流动）和足向转移（血液由头向脚流动）的更替，来提高人体对血液重新分布适应性的训练。

血液重新分布对人体的影响

在入轨最初几天，往往引起头面部充血、肿胀、鼻塞、头痛、视觉和感觉功能改变，甚至出现航天运动病等，统称为航天适应综合征（Space Adaptation Syndrome，SAS）。SAS 在航天飞行的前几天较为明显，严重影响航天员的生理心理状态和工作能力，5~6 天后，这些症状渐渐减轻，体内发生向低动力方向的适应性变化，表现出立位耐力下降等。在轨时间越长久，这种变化越重。当返回地面时，由于血液的足向转移，往往出现头晕、黑视甚至晕厥等明显的立位耐力低下症状，有的人甚至难以较快适应地球 1g 的重力环境，特别是中长期航天飞行的航天员症状较之短期飞行的更为明显。

血液重新分布适应性训练

针对上述问题，俄罗斯（包括苏联）和我国在发射前对航天员进行血液重新分布训练，其原理是利用立位转床不断地变换航天员体位，刺激机体心血管系统对血液分布的调节能力，减缓失重或模

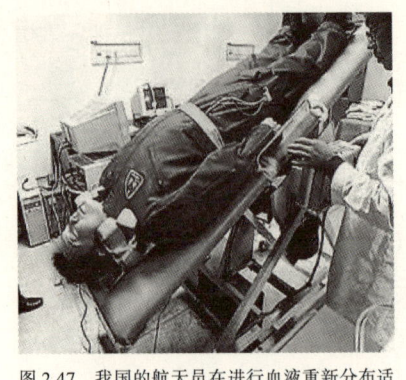

图 2.47　我国的航天员在进行血液重新分布适应性训练

拟失重时血液的头向转移，从而达到适应失重环境，减轻 SAS 症状，特别是头面部充血、肿胀、鼻塞、头痛等症状的目的。另外，该项训练还可能改善航天员的前庭功能，降低航天运动病的发生率或减缓其发作时的症状。俄罗斯（包括苏联）一直重视对航天员进行血液重新分布训练，目前，这项训练仍然被保留。俄罗斯一般在航天飞行前 2~4 个月内对其航天员进行血液重新分布训练，在航天员进入发射场（提前 10 天入场）后的前 8 天仍每天进行血液重新分布训练。

航天员是如何进行血液重新分布适应性训练的

航天员在进行血液重新分布适应性训练时，首先由医监医生对航天员进行体检，合格后方能允许参加训练，然后给航天员安装医学传感器（心电、血压、脑血流等），目的是在训练时便于医监医生和教员实时观察航天员在训练中生理指标的变化。训练开始了，只见旋转床的床体在不断地变化，床头一会儿低下，一会儿抬起，2 分钟左右就要变化一次，真是"颠三倒四，七上八下"。也许有人会说，这不是折腾人吗，航天员受得了吗？据航天员教员说，航天员的身体素质优秀，前几次训练，航天员还有些感觉，大角度时还感觉头有些胀，随着重复次数的增加，航天员就习惯了，也可以说航天员对血液重新分布的适应性增强了，心血管调节能力改善了，甚至有些航天员表示，如果不是要求不能睡觉，他们会在训练过程中睡着。

> **链接：血液重新分布适应性训练设备——自动旋转床**
>
> 自动旋转床，简称转床，是一种专门用于航天员血液重新分布适应性训练的设备。
>
> 它由床体、电动机、变频器和控制微机构成。床体的四周都有床沿，头和脚的位置均可根据航天员的身高进行调节。训练时航天员躺在床体上，控制微机按预先设定好的程序通过变频器指挥电动机使床体运行，运行的角度、角速度、时间可根据需要任意设置。

其他航天环境适应性训练

除了上述训练内容外，航天员还必须要针对在航天飞行过程中所遇到的和面临的噪声、冲击、振动和高温等环境因素进行一系列的适应性训练。

美国和苏联两国的首批航天员都进行过航天员噪声、冲击、振动和高温舱训练，后来，由于飞船和空间站技术改进，这些环境得到了有效改善和保证，对人已不构成威胁，因此后来便不再对其航天员专门进行这些项

图 2.48　早期美国航天员进行振动效应的适应性训练

目的训练。但是，为了帮助航天员获得噪声、冲击和振动经验等，可以根据情况对首次上天执行任务的航天员进行体验性训练，我国对首次上天的飞行乘组均进行了噪声、冲击和振动的体验性训练。

驾驭飞船，练就娴熟技能

　　培养航天员就像盖摩天大厦。由于航天员需要执行的任务艰巨又充满风险，应对挑战不仅需要具备强健的体魄、非凡的品质和聪明的头脑，更要积蓄一定的知识储备，所以航天员平时都要花很多时间学习，掌握与载人航天飞行有关的基础理论和专业技术知识。这些知识储备，即基础理论和专业技术知识，就是盖好摩天大厦的地基。

　　打好了地基，剩下要做的就是添砖加瓦，筑建大厦了。这个时候最需要的就是专业技术训练，航天员所要做的也是一项一项地接受训练，熟悉和掌握各种操作技能。

　　有了扎实的基础理论作地基，再加上反复的专业技术训练作材料，载人航天中的"飞天大厦"就这样拔地而起！

上下求索——理论训练

　　航天员被选出来以后，并不能立即执行飞行任务，在此之前还要经漫长的基础训练和任务训练。航天员首先要接受的就是基础理论训练。

以美国为例，航天员所要进行的基础训练一般可以分为四个方面：

①学习有关空间工程和技术方面的知识，如天文学、轨道动力学、空间制导和导航等；

②学习空间研究和实验所需的科学知识，如数学、物理学、地质学、气象学、海洋学和材料加工学等；

③掌握航天飞机或国际空间站各系统的一般知识和简单操作；

④各种技能训练，包括救生技术训练、飞机驾驶训练、低压舱训练、在失重飞机作抛物线飞行中体验失重、穿着太空服在水下作太空行走训练等，此外，还要学习游泳和进行体能训练，学习摄影、学习英语（日本航天员除学习英语外，还要学习俄语，因为有些训练是在俄罗斯加加林航天员训练中心进行），最后还要学习与各种媒体接触和联系等。

在这四个方面的训练中，前三个方面的基础训练主要方式是课堂讲课，也就是我们现在所说的基础理论训练。第四个方面，也就是技能训练则是利用各种设施和场所进行的实际训练。以下我们就进行一个详细的说明。

我的飞船我做主——专业技能训练

不同的航天计划，航天员专业技术训练的项目和内容不同。专业技术训练一般分为两大类，一是与航天器相关的技术训练，目的是使航天员掌握航天器的驾驶、舱内各种装备与仪器的操作、交会对接、舱外活动等基本技术；二是与飞行任务相关的技术训练，主要是针对每一次飞行所要完成的特定任务而进行的，不同的飞行计划任务是不同的，因而任务训练的内容也相应不同。航天专业技术训练既有正常状态下的操作训练，也有故障和应急状态下的操作训练，既有在航天器舱内进行的操作训练，也有在舱外进行的操作训练。

航天器技术训练

航天器技术训练，是每一位航天员都必须接受的训练。根据航天器的类型，有选择地安排飞船或航天飞机技术训练，如果要参加空间站飞行，还必须增加空间站技术训练。对相同型号和相同类型的航天器来讲，该训练相同，但对不同类型的航天员的要求不同，如航天飞机的指令长和驾驶员要进行大量的航天飞机驾驶技术训练。

载人航天器除了具有类似人造卫星的结构、姿态控制、电源等基本设备之外，由于载人的原因，还应该有保证航天员生命活动所必需的足够的氧气、水和食物以及一定的压力条件及适宜的温度环境等；另外航天器上还需安装航天员进行飞船驾驶操作的飞行控制装置、便于航天员了解飞行状态的各种飞行显示仪表以及航天员与地面进行通

图 2.49 航天员在航天飞机上工作。对于各种仪器，尤其是各种仪表的熟练操作，不是短时间内就能够掌握的，它必须通过大量的理论学习和实际操作才能做到得心应手

信联系的话音通信设备以及应急救生设备等。所有的这些设备和仪器都要求航天员能够熟练掌握和操作。

仪表操作训练是专业技能训练的核心。随时观察监控仪表板上的每一个数据及其变化，是航天员在执行飞行任务时的一项重要工作。如果发现异常，航天员要进行相应的处置并在通信可及的情况下及时向地面通报，以保障飞船的正常运行。仪表板上有数百个按键，航天员需要熟悉每一个按键的位置、状态、功能和设置方式。为了使航天员飞行操作实现"零失误"，需要组织进行反复训练。

飞行任务技术训练

飞行任务技术训练，一般指有效载荷训练。

有效载荷训练是载荷专家接受的任务训练，主要包括：熟悉载荷本身或与载荷有关的科学理论知识与技术；了解每个载荷硬件的特点及其操作与维修的方法；具体掌握操作和试验的人机界面的特点与程序；进行单个项目实验；参加载荷项目的综合测试，以及有关轨道器系统和数据管理系统等训练。

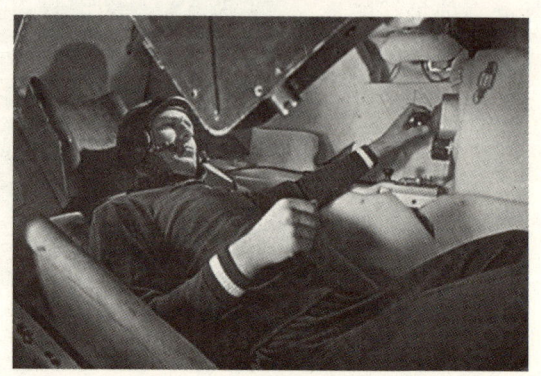

图 2.50　1961 年，航天员格尔曼·季托夫在筹备太空飞行

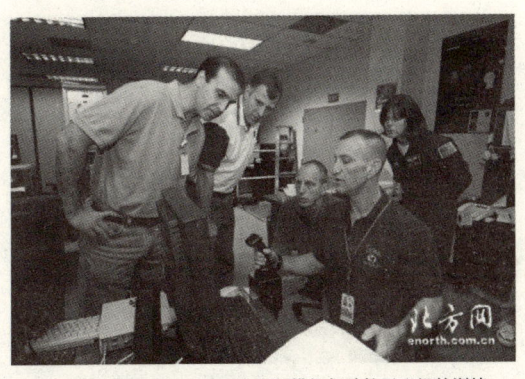

图 2.51 美国的航天员正在进行模拟驾驶航天飞机的训练

航天飞行日常生活和工作技能训练

该项训练内容为：照相机与摄像机的使用、个人卫生用品的使用、个人装备的使用、日常工作用品的使用和航天食品的食用。

使航天员熟练掌握航天飞行时各种日常生活和工作用品的使用和操作技能，目的是为完成载人飞行任务做好充分技术准备。

如太空厨房里有食品加热装置，需要航天员自行加热，使用完毕后则用残渣收集装置进行清理。地面上的水受重力影响，饮用方

图 2.52 美国的航天员在进行俯仰训练

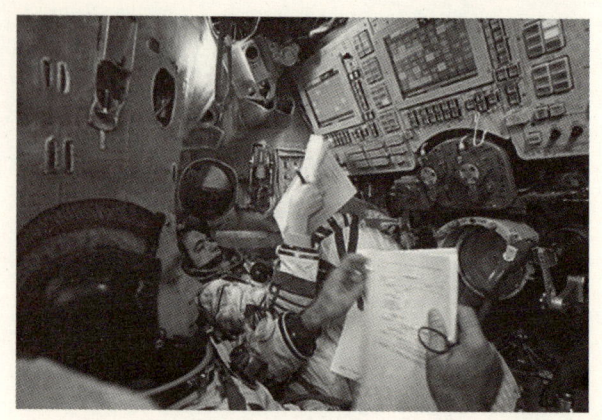

图 2.53　2007 年，俄罗斯星城航天员培训中心训练大厅，航天员正在进行训练

便，但是到了天上，则受压力影响，操作起来非常繁杂，需要航天员在地面上反复操练才能保证万无一失。此外，在太空中睡觉、个人卫生等也都需要特殊技巧，这些都要求航天员必须在上天之前学习专业知识，进行专门的训练。

扣人心弦，建立稳健心态

　　航天员们都是千挑万选出来的，他们的综合素质包括心理素质都非常棒，为什么还要对他们进行心理训练？心理训练工作主要是"锦上添花"，是让航天员的心理素质好了更好，而不是有了问题被动地去治疗。目前航天员的心理训练主要包括三部分：心理稳定性训练，隔离训练，心理支持。

心理稳定性训练

　　航天员在种种不同寻常的航天环境中也有着特殊的生理和心理压力，甚至是生与死的极度考验，尤其是长期飞行，可能会引发航天员的心理障碍，有时飞行中的航天员心理状态会成为航天任务能否完成的关键，这就要求航天员必须要有超强的心理调节与控制能力。对航天员心理的稳定性提出了很高的要求，同时也使得心理稳定性训练成为航天员训练生活中的一个重要部分。

　　情绪自我调节能力训练是提高航天员情绪稳定性的重要手段。该项训练在认知层面上让航天员明白情绪产生的规律、不同的情绪调节技术的理论基础，即明白"是什么""为什么""怎么办"等问题。最后，还要对所学的所有自我调节技术进行系统化归类，分清各种方法的适用范围和情境，掌握各项自我调节的方法及技术要点。

自我调节中放松训练的技巧掌握，对于时刻处于紧张状态中的航天员来说十分重要。在放松训练中我们对航天员首先用语言诱导："你们已经回到童年生活过的地方，看到自家的老房子，听到母亲的轻声呼唤，感到全身非常放松……"航天员们渐渐放松了，一个个打起了小呼噜。这时，监测仪器显示，他们的皮温上升，超过32℃，表明完全放松。我们还教给航天员"构筑自我安全岛法"和"渐进性肌肉放松法"等自我放松的技巧。我们给航天员描绘"安全岛"：靠近大海，空气非常清新，这时，一阵阵青草的气味扑鼻而来，浑身感觉凉凉的……训练前他们放松的过程至少需要半小时，而训练后，只要七八分钟就可以了。

除了用情绪自我调节能力训练来提高航天员的心理稳定性外，还有一种很重要的方法和途径就是结合航空飞行、跳伞、超重、失重飞行、前庭功能、救生和生存等训练，提高航天员的心理稳定性。

隔离训练

狭小环境中的隔离训练简称隔离室训练，或称隔离、幽闭环境训练，这是航天员心理训练中最重要的方法之一，目的是了解和培养航天员的生活和工作能力，及对孤独环境的适应和储备能力，提高他们今后在航天工作中的心理稳定性和航天员之间的协调工作技巧。俄罗斯和美国的航天员都进行过这种心理训练。

那么这个训练具体是如何展开的呢？它的训练方法如下：

环境条件：一间狭小的隔离室，尽可能模拟航天中的狭小环境，一切工作、学习和生活均在这个隔离室中进行，室内具有摄录像监控和双向通信联络设备，有空调控制温湿度；室内照明由室外控制供给，保证用电安全；航天员用餐食品，由隔离室的专用传递窗口按时供应，室内还设有厕所和洗手池，水源也由外部控制，并备有必要的体育锻炼器材等。

方式和时间：这种训练通常采用连续 3~7 天不间断工作，但也有采用不同工作 / 休息制度的实验方式。时间最短的仅 3 小时，最长的可达数十天。

内容和任务：按事先设计安排好的工作、学习和生活时间表，进行多种心理和生理的各种测试，如仪器操作、文学创作、写日记和体育锻炼等。通过该训练要解决下列任务：训练航天员有效地执行一系列心理、生理和操作任务的技能；培养使用饮食、供水等器材，保持个人卫生，适应特殊复杂生活条件的技能；培养掌握使用仪器设备、通信联络的技能；获取有关航天员实验期间的心理、生理、行为变化的可靠资料，以便进一步完善个人职业特性和心理品质的确定意见。

心理支持

心理支持主要包括三种方法：生物反馈法、心理相容性训练和表象训练。

生物反馈法是利用仪器将个体在通常情况下不能意识到的心理、生理过程反映出来，以便进行随意控制和自我调节。目的是让受训者调整自己的呼吸和放松肌肉，这样可以改善受训者的自主神经活动，达到减轻身体疲劳，提高工作效率的目的；或用声音刺激方法，诱人入睡，达到休息和减轻疲劳的目的。

我们知道，现在在国际空间站中工作的航天员不是一个，也不是两个，而是很多个。他们来自不同的国家，有着不同的生活习惯和思想观念，这样，在他们相处的过程中就难免会发生一些矛盾或摩擦，那么，我们该怎么做，才能保证航天飞行中的航天员之间在情感和性格上相互包容、彼此体贴，在工作上密切配合、精诚合作，从而度过一个和谐美好的太空旅程呢？其关键就是航天员所要接受的心理相容训练。心理相容训练的主要内容是人际交往技能训练。人际交往技能的训练是给航天员提供多种技能、方法和技术以帮助他们有效地预防和控制那些很容易出现的人际问题。

表象训练在我们生活中其实很常见。学生上体育课，老师常说，"学了动作要动脑子想一遍"。这个"想一遍"其实就是表象训练的过程。表象训练就是通过这种重复回忆和体验事物的表象，达到使形象清晰并获得"内心学习"的效果。航天员进行心理表象训练，目的是加强对操作的理解和记忆，提高航天员专业技能训练及飞行程序与任务模拟训练的效果。

应急自救，危难之中生存

通天之路并非总是一帆风顺，自 1961 年人类进入太空以来，载人航天发生过数十起故障，10 多名航天员为航天事业献出宝贵生命。当航天员遇险时，都有哪些救生手段和措施呢？在各种应急环境中，航天员需要具备怎样的生存能力？这些都是航天员救生训练的主要内容。

航天员着陆以后，有一个十分重要的环节就是对航天员进行营救。对航天员进行营救并不是一件简单的事情，而是一个很复杂的过程，因此就需要航天员进行专门的营救训练。

着陆之后航天员的营救训练是救生训练重点，最常用的办法是利用直升机吊救。为此航天员需要掌握悬吊装备的使用方法，以及配合营救动作要领。航天员需要熟悉各种环境下直升机悬吊营救的主要程序，掌握与搜救飞机

图 2.54 航天员的地面救生训练——医疗救护演练

图 2.55 航天员的地面救生训练——直升机进行搜救演练

配合的操作方法。直升机悬停定位后，根据航天员身体状况进行吊救，如果航天员体力和身体状况良好，可以直接吊救；如果航天员体力不支，机上救生员乘吊具下到地面，将航天员固定在吊具上，指挥机上吊具操纵员，将航天员吊入机舱内；如果航天员受伤并且较重，机上救生员乘吊具下到地面，将航天员和自己同时固定在吊具上，指挥机上吊具操纵员，将航天员吊入机舱内。

作为航天员，应该尽量选择地势平坦、开阔的地方着陆，便于飞机吊救。若飞船落到深山老林或悬崖峭壁，就会给航天员生命带来危险。

载人航天器着陆可能发生在诸如极地、原始森林、沙漠、深山、热带丛林、海洋等荒无人烟、交通不便、气候条件恶劣的地区。航天员可能长时间处于野外生存的情况下。如何才能保证航天员着陆后万无一失，平安回家？这就需要进行大量的地面训练，即野外生存训练，只有进行了滴水不漏的严格训练，才能使航天员克服一切险境。

航天员野外生存训练一般在海上、沙漠、寒区（冻地或者沼泽地等）和森林进行。

日本航天员候选人特别重视海上救生训练，为了保证较好的

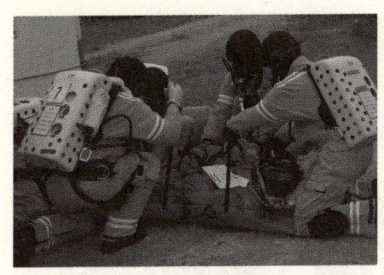

图 2.56　航天员的地面救生训练——医疗救护演练（一）

图 2.57　航天员的地面救生训练——医疗救护演练（二）

图 2.58　航天员的地面救生训练——医疗救护演练（三）

训练条件，训练在俄罗斯加加林航天员训练中心进行。日本1998 年共选出 3 名航天员候选人，准备参加美国的国际空间站飞行。1997 年 7 月，有 2 人到加加林航天员训练中心，完成了为期 1 周的海上救生训练。

　　海上救生训练主要学习在海上漂浮期间如何使用救生器材，以及在海上降落时如何使用降落伞。训练在黑海边进行，日本人用一艘大货船作为海上训练基地，同时还专门制作了一个"联盟号"飞船返回舱模拟器。3 名航天员候选人和 1 名教练先进入返回舱模拟器，航天员候选人都穿着加压服，然后用货船上的吊车将模拟器轻轻放入海中。航天员候选人首先要脱掉加压服，换上抗浸保暖服。模拟器在海中要漂浮 2 小时多，其间航天员候选人首先要用力摇撼模拟器，模拟波涛汹涌的海面。2 小时后航天员候选人要带着他们的救生器材跳入海中，学习使用紧急信号枪、烟雾信号发生器和反光镜等，同时还要练习吃应急食品和游泳。这种正常的海上救生程

图 2.59　海上救生训练（一）

图 2.60　海上救生训练（二）

序训练完成后，航天员候选人还要练习不换服装，穿着加压服，同时带上一个小型漂浮装置，学习在海中生存，用来模拟一种更为紧急而危险的情况。

从 20 世纪 60 年代开始，航天员候选人的训练就包括救生训练的内容，但是 80 年代以后，救生训练，特别是海上救生训练的比重加大。然而美国的航天飞机并不是在海上降落，俄罗斯的"联盟号"飞船也是在陆上着陆，为什么要强调海上救生训练？这是因为地球表面 71％被海洋覆盖着，在载人航天器万一发生故障需要紧急返回地球时，海上降落的可能性极大。因此，从安全考虑必须加强航天员候选人的海上救生训练。

在海上跳伞训练前，先由教员讲解降落伞的构造和跳伞要领，然后用货船上的吊车将他们吊起来，练习海上降落的跳伞动作。另外，回国以后，日本航天员候选人还要在筑波空间中心的水池实验室中练习如何快速脱掉降落伞装备。筑波空间中心的水池实验室相当于一个大型的模拟失重水槽，可以较真实地模拟海上降落情况。

日本航天员候选人在体能训练中有游泳训练。在游泳训练中又穿插着海上救生训练的内容。在游泳训练时，先穿着游泳衣，练习各种泳姿；然后换上飞行服和运动鞋，除练习各种泳姿外，还要练习踩水和在水上仰面漂浮。

海上救生会遇到各种情况，除了海面救生外，也可能遇到海底救生，因此还要对航天员

图 2.61 2007 年，在黑海海域国际航天员选练时，航天员通过训练掌握了在水上意外降落时的求生技能

候选人进行潜水训练。日本航天员候选人的潜水训练在日本海洋科学技术中心进行。首先也是由教员讲解潜水知识、潜水规则和潜水生理学，然后在一个 3.5 米深的水池中练习用通气管潜泳和戴着潜水呼吸具潜水。航天员候选人还要练习带着重物不呼吸在水下潜游 40 米，在可视度极差的条件下从狭小障碍物中逃生。

链接：我国航天员在各阶段的救生训练

如果在待发段，火箭和航天器出现故障危及航天员生命，航天员就通过紧急撤离防爆电梯、紧急撤离滑道等措施撤离转移到安全地带。在美国和俄罗斯的航天飞机和宇宙飞船上，也包括我国的"神舟"飞船，都专门设有逃逸塔装置。

如果发射前火箭燃料发生泄漏，因燃料有剧毒会威胁航天员的生命，此时通过电梯下降到火箭基座是不明智的。我国采用了紧急撤离滑道，它是由高弹力抗静电的织物做成一条布套索道，航天员进入其中，用两肘关节支撑，控制下滑速度，仅需短短不到 30 秒的时间，航天员就可撤离到远离发射塔架的安全地带。

跳伞训练：航天器在上升运行过程中出现险情，就采用跳伞救

生。同时，跳伞训练也是一项培养良好心理素质的训练。

陆上、水上出舱训练：航天器返回后，什么时候出舱、出舱前的准备工作、怎样出舱、出舱后如何等待救援都是航天员必须掌握的训练内容。

野外生存训练：航天员应急返回时，着陆点可能在非预定区域，可能是沙漠等无人居住的不毛之地，或是原始森林，或是汪洋大海，致使航天员无法与营救人员联系上，得不到及时救援。这时航天员就要依靠自己和携带的个人救生物品维持生存。他们要学会联络求救，确定方位，利用手边器材建造临时住所，进行狩猎、钓鱼和采摘可食用的野生植物等来补充食品和饮水储备，防备野兽、害虫和毒蛇的袭击。

训练时选择的气候和地域都应当典型恶劣，比如在高寒地区、沙漠、海上等环境进行野外生存训练，让航天员在那里待上一天两天不等，以此来考验他们的生存能力。当然这种训练应以保证安全为前提。

- -

链接：航天员的救生装备

由于载人飞船着陆地点较难控制，特别是应急返回时落点的散布较大，这就给航天员的营救造成困难。在载人飞船上一般装有个人救生物品，供航天员着陆等待营救期间的求救和生存使用。返回舱里为航天员准备的救生物品也一应俱全，求救联络装备包括：远距离求救联络用的卫星电话、卫星定位仪、救生电台和近距离求救联络用的光烟信号管、救生信号枪（弹）、闪光标位器、太阳反光镜、海水染色剂、救生口哨等。

水上救生装备主要有：抗浸防寒漂浮装备、单（双）人救生船和救生船包。

陆地上野外救生装备主要有：个人急救药包、救生食品、救生饮水、蓄水袋、引火物、抗风火柴、救生渔具、驱鲨鱼剂、自卫手枪、生存刀、指北针、防风尘太阳镜、生存手册、保温袋、返回用鞋和救生药品包。

丛林生存四件宝：大砍刀、指北针、急救包和降落伞。

链接：航天救生的方式

1. 在发射段分两种情况：一是在发射台上和低中空阶段，"水星号"飞船、"阿波罗号"飞船、"联盟号"飞船采用逃逸火箭将飞船与运载火箭分离，然后返回地面；"双子星座号"飞船、"东方号"飞船采用弹射坐椅将航天员与飞船分离，然后乘伞降落；"上升号"飞船和美国的航天飞机在这一阶段没有救生手段。二是在发射段的高空阶段，各种型号的飞船由制动火箭或变轨发动机将飞船与运载火箭分离，然后返回地面；美国的航天飞机在这个阶段如果一台主发动机失灵，则继续入轨或保持故障状态在预定机场着陆，两台或三台发动机失灵，轨道器早期分离，在海上降落。

2. 在轨道运行阶段一般采取提前返回措施。

3. 在返回段的着陆阶段："水星号"飞船、"阿波罗号"飞船、"联盟号"飞船采用降落伞余度设计实现救生；"双子星座号"飞船、"东方号"飞船采用弹射座椅将航天员与飞船分离，然后乘伞降落；"上升号"飞船和美国的航天飞机在这一阶段没有救生手段，但"哥伦比亚号"航天飞机在进行前4次试验飞行时，也选用弹射坐椅作为救生装置。

虚实结合，模拟飞行全程

　　航天员打开通天大门的三把钥匙，也就是三个了不起的特质——智慧的判断、极度的勤勉和最佳的健康，而其中最重要的是判断。判断有时就是一切，在太空飞行中，航天员承担着航天器的监视、操作、控制和管理任务。随着载人航天的发展，这些任务种类越来越多，数量越来越大，每一项任务完成的质量都可能影响飞行的安全和整个航天任务，因此对航天员提出了更高的要求，以争取零失误！对航天员的学习能力，知识结构以及职业技能上也提出了近乎苛刻的要求。但是他们经过几个月甚至几年的长期反复训练，由基础训练到专业技术训练，飞行程序与任务训练，到最后的强化训练与任务准备训练，一步一步走过来，最终成为学识渊博、经验丰富的合格航天员。

我命由我，不由天——飞行程序与任务模拟训练

　　一位哲人说："你的心态就是你真正的主人。"一位伟人说："要么你去驾驭生命，要么是生命驾驭你。你的心态决定谁是坐骑，谁是骑士。"自立者，天助之。航天员驾驭飞船需要漫长的训练，尤

其是程序的训练，需要投入大量的时间和精力。程序训练就是一连串的选择过程，每个航天员的前途与命运，完全掌握在自己手中。

飞行程序与任务模拟训练是在固定基全任务飞行训练模拟器上进行的，训练任务的特点是将 3~5 天的训练压缩成 4 小时进行，内容包括：正常飞行程序训练、应急飞行程序与故障处理训练、逃逸救生程序训练及全程序任务模拟训练（大型演练）等。航天员在天上飞行的时候，不仅要掌握各种操作技能，更要掌握飞行程序，每个环节的工作内容都要了如指掌。

正常飞行程序训练

正常飞行程序训练是针对正常飞行情况下，对航天员进行的执行各种飞行任务操作的程序训练，是各种应急与故障程序训练的基础。

正常飞行程序训练包括以下项目内容：

舱内布局与设备熟悉训练

舱内布局与设备熟悉性训练是要通过该项训练使航天员熟悉飞船舱内的结构、布局，舱内各种仪器设备及操作部组件的安装位置、外观、基本功能等，熟练掌握飞船上各种设备的使用方法，体验处于飞船座舱内的环境状态，为后续的程序训练奠定基础，重点是对舱内仪表板的结构布局及舱内仪器设备的熟悉训练。

该项训练又分为理论训练与舱内实习训练。

理论训练就是根据模拟器研制方以及飞船提供的设备配套向航天员详细介绍舱内的设备及布局，使航天员对飞船舱内的设备布局有一个系统的认识和了解。

舱内实习训练是在理论训练的基础上进行的，让航天员进舱进行实物感觉认识，将理论学习的内容与客观实物相对比，进一步加深和巩固所学的内容。

航天员飞行手册学习

飞行手册的学习是始终贯穿整个飞行程序训练过程中的一项训练科目，它的主要目的是让航天员熟知飞行程序的内容及各时段的划分节点、重要飞行事件的发生时间以及需要航天员进行操作的手控操作的操作工况、操作时间及操作方法等，并能够熟练使用飞行手册进行任务查询的操作。

正常飞行程序体验性训练

正常飞行程序体验性训练的目标是让航天员熟知正常飞行程序的内容，体验各飞行阶段的飞行特点和座舱内的环境状态，熟悉飞行过程中的重要事件及其发生时间，使航天员初步了解各项操作的操作工况、操作时间、操作方法以及操作设备的安装位置和标识等，并通过这种体验性的训练培养乘员组之间的协调、配合能力，同时也对正常飞行手册在航天员执行任务的分工上进行有效的检验。

该项训练一般是让航天员在穿着舱内工作服的情况下在模拟器内进行压缩正常飞行全程序的体验性训练，以便让航天员进一步熟悉任务涉及的各操作部组件的安装位置及舱内布局等，起到复习和巩固前一个阶段训练内容的作用，同时为顺利开展下一步的训练奠定基础。

正常飞行程序训练

正常飞行程序训练的目标是在航天员对飞船的正常飞行程序的

内容熟知的基础上，进一步加深和巩固正常飞行程序的内容，熟练掌握各特征点飞船所处的飞行状态和舱内环境情况以及重要事件的发生时间，并熟练掌握飞行任务所要求航天员执行的各项操作的操作时间、操作工况和操作方法等，同时进一步培养乘员组之间配合的默契性。

正常飞行程序训练首先按照不同的飞行时段分阶段进行，之后再进行全程的压缩正常飞行程序训练。将飞行程序进行分解，按时段组合后进行训练，可以使航天员对不同飞行时段的飞行程序有一个详细的了解，便于掌握各飞行时段的操作要领。

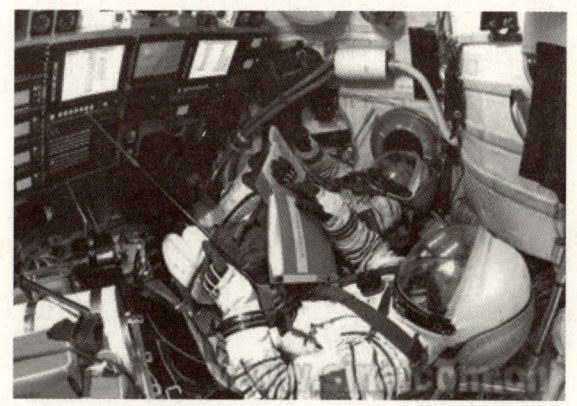

图 2.62　我国备战"神舟六号"的航天员正在模拟器里进行飞行程序训练

链接：正常飞行程序训练的目的

①使航天员熟悉和体验飞行过程、飞行环境；

②使航天员熟记航天飞行各阶段的特点和重要事件；

③使航天员熟练掌握载人航天飞行各阶段的飞行程序及相关操作发生的时刻和操作方法；

④使乘员组具备协调、配合完成任务的能力。

应急飞行程序与故障处理训练

载人航天飞行具有很大的风险性，因此如何在飞船出现故障的情况下进行故障的识别、判断和处理，从而达到修复故障，避免危及航天员安全和健康的险情，就成为一项重要的航天员训练内容。应急飞行程序与故障处理训练就是针对飞船出现各种故障，在非正常飞行情况下，对航天员进行的识别和排除各种故障的处理训练。

应急飞行程序与故障处理训练的方式方法是结合各种故障或应急飞行程序的内容，由航天员在模拟器内进行相关排除故障或实施应急返回的操作。

应急飞行程序训练

应急飞行程序训练能使航天员熟悉载人飞行中的各种应急状况和应急情况下的飞行程序，体验各种应急飞行的特点和飞行过程，熟练掌握应急飞行规定的动作和操作以及各种应急状态下的故障处理方式方法。

应急飞行程序训练的目标是使航天员熟悉导致飞船启动应急返回的几种故障模式以及应急返回的启动权限；熟练掌握自主应急返回的启动与落区选择原则、操作方法与程序；熟悉飞船自主应急返回各圈可选择的着陆地区及适用的飞行时间段；熟练掌握各种导致飞船自主应急返回的故障判据；熟练掌握中止自主应急返回的时机及操作方法和程序；以及体验自主应急返回飞行程序的特点和飞行过程。

应急飞行程序训练内容主要包括航天员自行决定启动自主应急返回的操作训练以及中止自主应急返回的操作训练。本项目训练的侧重点是航天员对启动自主应急返回的权限掌握，即什么情况下航天员可以自行决定启动自主应急返回，什么情况下必须由地面决策后才能启动自主应急返回，以及启动自主应急返回时可以选择的着陆地区和启动时间段的掌握。

故障识别与处理训练

故障识别与处理训练，分为理论授课、单项训练器或实物操作训练和模拟器上进行的故障处理训练。理论训练使航天员全面系统地了解飞行中各个系统可能出现的故障，故障预案以及故障的识别和处置方式。其次，在理论训练的基础上，进行实际操作训练，使航天员掌握故障识别和处置的技能。在模拟器训练时，教员事先做好故障预案，航天员根据手册按照故障发生的先后顺序依次操作，重点故障重点训练，同时为了训练航天员的反应能力，提高他们识别、判断和处置故障的操作技能，教员通过教员台随机设置故障，观察航天员的反应和操作情况。在一次训练过程中，有些故障可以依次进行，同时插入多个不同类型的故障进行训练，但是有些

图 2.63　美国航天员在演习应急预案

故障只能投入一次，不能同时进行，需要教员合理选择和组合。总之，所有故障预案都要进行大量的训练，简单的故障可能训练一次足够，复杂和重要的故障要多次反复训练，使航天员对事故的反应和正确处理成为条件反射一样自然。

链接：应急飞行程序与故障处理训练的目的

①使航天员熟悉和体验载人飞行过程中的各种应急工况和应急飞行环境及特点；

②使航天员理解在飞行程序中可能出现的各种故障类型、故障现象、故障识别和排除的方法；

③使航天员熟练掌握识别和排除各种故障的方法及程序，提高识别故障和排除故障的能力；

④使乘员组具备协调、配合完成识别故障和排除故障任务的能力。

逃逸救生飞行程序训练

逃逸救生飞行程序训练是针对飞船上升段的逃逸救生所进行的训练。上升段的逃逸救生是指从发射前5分钟、飞船封闭空间及工作平台撤收完毕起至运载火箭将飞船送入轨道前，一旦出现危及航天员生命安全的故障时对航天员的救生。

逃逸救生飞行程序训练的训练项目内容包括上升段大气层内逃逸救生和上升段大气层外逃逸救生等共计8种逃逸救生模式的训练。

图 2.64　航天员的逃逸救生训练（一）　　　图 2.65　航天员的逃逸救生训练（二）

这些逃逸救生模式训练的训练侧重点是航天员对这几种逃逸救生模式特点的掌握及其发生的时间点，对仪表板显示器页面的监视，做好承受过载和旋转的心理准备以及在逃逸过程中对需要进行的对抗措施的掌握。

逃逸救生飞行程序训练方式方法的一个重要特点是航天员没有具体针对模拟器的技术操作，只需要航天员做好承受过载和旋转的心理准备，并注意在逃逸过程中做好对抗动作。

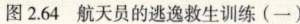

链接：飞行程序训练模拟器

飞行训练模拟器是进行飞行程序与任务模拟训练的主要手段。它是针对载人航天任务而设计的，内部结构与布局和真实的载人航天器相同，在地面等比例真实模拟载人航天器内的环境，是最为重要和关键的综合技术训练设施。

模拟器的主要功能是在地面模拟太空中的飞行条件和实际载人航天器的运动状态，它能够模拟航天器飞行时的视景、振动和噪声效果，还可以模拟飞行运动效果，为航天员提供运动感觉、视觉、听觉和操纵负荷等各种感觉，能仿真太空飞行的情景，在每一个飞行时段，航天员看到的、听到的、感受到的都不一样，使航天员感到好像真的在太空驾驶航天器一样。航天员要根据程序相应地做检查和操作，教员也可任意设置故障，让航天员识别、判断和处理故障。苏联和美国所发射的各种载人航天器都有各自的飞行模拟器，其中美国"阿波罗号"登月飞船的飞行模拟器，可以模拟从起飞到登月和返回地面等全程序飞行；也有只模拟载人航天某项飞行技术的模拟器，如有模拟飞船的起飞、入轨和姿态如何控制等飞行技术的手控固定基模拟座舱试验环境模拟器；还有模拟在太空作业的专项模拟装置，如太空对接、太空维修和出舱模拟器等。

每次航天飞行任务的飞行程序指令多达上千条，需要航天员完成的操作也有几十种。舱内的仪表板指示灯密密麻麻，显示页面千变万化，各种线缆和管路纵横交错，各种设施星罗棋布，要熟悉和掌握它们，并能进行各种任务操作和故障排除，只有靠在模拟器中进行反复的演练。

模拟器的训练时间较长，在航天员训练的中后期阶段，模拟器的训练占了很大的比重，直到航天员对每次航天飞行的程序和操作内容牢记于心，对飞行中出现的各种情况能够快速反应并应付自如，游刃有余。

沙场点兵，临危不乱——大型联合演练

养兵千日，用在一时。航天员飞行任务选拔的关键环节就是大

型联合演练。大型联合演练，是指在临近发射前的一段时期，由执行任务的乘员组（包括后备乘员组）与飞行期间地面支持人员一起配合完成的模拟发射、在轨飞行、返回着陆后的营救等过程的演练，就像是一场正式演出前的彩排。

演练的目的在于使飞行乘组在真实的飞船或航天飞机中和地面支持人员一起按实际程序进行模拟飞行、测试，真实地体验航天飞行计划实施的过程，进一步明确本次计划的组织实施、运行方式与程序，加强乘组与地面支持人员之间的配合与协调性，增强航天员完成任务的信心，也有助于各系统及时发现问题解决问题。因此，大型联合演练受到高度重视，航天员执行航天任务前一般都要进行这种演练。

这种演练一般分为两大类：一类是乘组与载人航天器、运载火箭、发射场、飞行指挥控制中心的合练，主要有人－船合练、人－船－地合练（航天员与飞行指挥控制中心的合练）和在发射场进行的人－船－箭－地合练；另一类是乘组与着陆场系统的回收营救人员之间的合练，包括陆上和海上的回收与营救演练，一般在实地、按实际程序进行，使航天员实际体验返回后出舱至被营救的全过程。

图 2.66

　　1965年3月18日，是载人航天史上具有里程碑式的时刻。苏联航天员列昂诺夫身着舱外航天服，"飘"出载人飞船，首次代表人类"拥抱"太空，千百万人仰望太空，热血沸腾，为人类勇于创新、不怕牺牲、探索太空的壮举而欢呼自豪。

　　从首次太空漫步以来，人类已经进行了近三百次的出舱活动，在太空中的作业时间累计已达上千小时。长途"奔袭"的"阿波罗"登月，太空中"外科手术"式的"哈勃"太空望远镜维修，规模庞大的国际空间站组装，人类的胆识和智慧不断得到展现，可谓是惊心动魄，又可称得上是波澜壮阔。中国的"神舟七号"飞船在2008年出舱活动中一展身手，在航天员们创造一个个奇迹的背后，人们想知道，他们究竟是如何训练的。让我们顺着出舱活动历史的脉络，去探究一下他们艰苦的训练历程。

第三章
天外漫步

　　某种可喜的才能，某种幸运的机会，可以形成某一些人上升的梯子的两侧，但是那梯子的横级必然是用经得住摩擦和牵扯的东西做的；没有东西可以替代彻底、热情、诚恳的真功夫。

——狄更斯

出舱活动训练技术

自 20 世纪 60 年代以来，出舱活动从简单的"太空行走"，到规模庞大的国际空间站装配，执行过出舱活动任务的航天员已达上百人，世界上已实现航天员出舱活动的载人航天器也达到十余种，它们包括："上升号"飞船、"双子星座号"飞船、"联盟号"飞船、"阿波罗号"飞船、"天空实验室""礼炮 6 号"空间站、"礼炮 7 号"空间站、航天飞机、"和平号"空间站和国际空间站。

出舱活动已从简单的技术突破，向日益复杂的空间作业扩展。建立月球基地，载人登上火星，载人航天工程这跨时代的梦想激动人心，同时赋予了出舱活动无穷的遐想。如果把出舱活动比作工程的支柱，则出舱活动训练无疑是这座大厦的基石。

1965 年 3 月 18 日，列昂诺夫首次出舱活动中，由于气闸舱设计问题，准备返回时却由于舱外航天服膨胀，进不了气闸舱，只好冒险把舱外服的气压调低，让舱外服变得软一些，用了很大的劲勉强把身体钻入气闸舱内，但又由于是头先进气闸舱的错误返回姿势，人虽进去了，却关不了舱门。于是列昂诺夫不得不又花费几分钟时间奋力转身。此时他已是浑身大汗，直到变成头向外姿态后，才够着舱门，最后终于把舱门关上。

1977年12月20日，在"联盟"26号飞船出舱任务中，航天员罗曼年科打开出舱舱门后，将头探出，蔚蓝色的地球披着薄薄的白纱，万丈霞光从

图3.1 "哈勃"太空望远镜

天际升腾，他的身体也像一片羽毛一样轻轻地往外飘，在旁边观察监视的格雷克科一把拉住了他，因为他看到罗曼年科的安全系绳没有挂住。如果不是格雷克科拉住他，罗曼年科只怕"飘"出去后就再也回不来了。

以上事例说明，在出舱活动中可能会出现一些人为的错、忘、漏情况，决策上的错误，工作中的失误，生理心理的薄弱，都有可能会造成灾难性的后果。因此，为了减少或杜绝航天员的操作错误，应该在出舱活动之前进行相应的训练。事实和经验也证明大量的地面出舱活动训练，有助于航天员熟练掌握出舱活动技能，减少错误。

图3.2 2005年7月4日下午2时38分，"发现号"航天飞机"带病"升空，后经航天员在太空进行3次出舱活动维修后才得以安全返回

1993 年，美国对"哈勃"太空望远镜的首次维修任务中，航天员从当年 1 月份的出舱活动中就着手为后续的实战进行准备。在这之后又进行了 7 次出舱活动，在太空停留近 50 个小时，终于使这颗造价达 15 亿美元的航天器能够以更高的精度和更长的寿命继续服役。

2005 年，美国"发现号"航天飞机成功与国际空间站对接后，航天员进行了 3 次出舱活动。航天员首次来到了以前从未敢冒险到达过的航天飞机的机腹位置，查看航天飞机隔热瓦的破损情况，并进行了修补工作，以预防再次发生 2003 年"哥伦比亚号"航天飞机的惨剧。

这几项工作充分说明了出舱活动任务在载人航天事业中的重要地位，现代的载人航天已离不开出舱活动，更离不开出舱活动训练。

链接：出舱活动航天员所面临的挑战

①因照明、对比度、可视范围等影响而减小了的能见度；

②降低了的空间定向能力；

③不灵敏的感觉能力；

④由于航天服限制而降低了的活动范围；

⑤由于疲劳、硬件设计及为适应失重环境而产生的力量削弱；

⑥削弱了的身体支撑力。

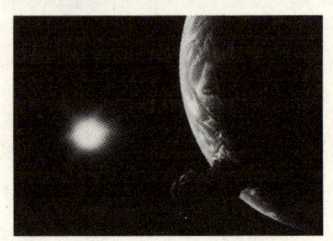

图 3.3 恶劣的太空环境是航天员出舱活动所面临的最大挑战

到目前为止，出舱活动仍是航天任务中最危险的任务之一。在执行出舱任务时，航天员本身已经身处在自身生理条件的极限情况，而且还必须离开航天器，因此对于执行出舱活动任务的航天员来说，就面临着巨大的危险和挑战。

航天员进行出舱活动训练的目的就是使航天员掌握出舱活动理论知识、专业操作技能、出舱程序操作技能、出舱活动任务的操作技能等，同时培养乘组内乘员之间协同配合完成任务的能力，从而能够更好地完成预定的出舱活动任务。美国航天员在正式维修"哈勃"太空望远镜前，就在中性浮力水槽和失重飞机上进行了大量的地面模拟训练，以掌握复杂的维修技能，并熟悉具体的操作工况，这就使得航天员在正式执行任务时能对整个维修操作非常熟悉，做到游刃有余。

美国人认为，在轨道完成 1 小时的出舱活动训练，至少应在地面上进行 10 小时的模拟训练。一个具体的出舱活动任务，往往不是一个人能够完成的，需要航天员之间的默契配合，这就需要在地面上进行大量的模拟训练，不但要通过训练使航天员掌握应有的操作技能，还得学会如何与同伴协作共同完成好任务。

俄、美两国多年的经验告诉我们，只有先在地面进行充分的训练，才有在太空完成预定任务的可能，航天员在太空执行任务才能从容不迫。

概括来讲，出舱活动训练技术一般包括：出舱活动理论训练、出舱专业技能训练、出舱活动程序训练、出舱活动任务训练以及与出舱有关的心理训练。

出舱活动理论训练

出舱活动任务涉及面广，出舱空间环境恶劣，医学防护要求高，训练装备复杂，专业训练艰苦，航天员必须掌握相关的理论知识，主要包括：出舱活动史概论、航天员出舱活动技术、出舱活动医学基础、出舱活动程序、气闸舱理论、舱外航天服系统的组成结构及工作原理和出舱活动训练各设备的相关工作原理等。

出舱活动史概论

出舱活动史概论主要是讲人类从第一次出舱活动到现在所经历的几个阶段，阐明了出舱活动的目的和意义。通过学习，让航天员了解出舱活动的本质，即出舱活动是人类在宇宙进行的探索和实践活动，目的是更直接地进入宇宙，更深入地认识空间和更有效地利用空间，促进高科技技术在空间的发展，为人类长期在空间活动提供支持，为我们向更遥远的星球进发创造条件。

通过对出舱活动史的学习，航天员可以在总体上对人类的出舱活动有一个直观的认识，更加深刻地理解出舱活动的目的和意义，这对于他们接下来的训练和未来所要进行的出舱活动任务都是一种铺垫和帮助。

第一阶段：起步探索阶段（1965—1968）

起步探索阶段的标志是：突破载人航天的出舱技术，验证人在太空活动的可能性。美、苏两个超级大国，在霸权主义的支配下，为了谋取太空政治优势，争相抢夺第一挂名权。

此阶段美、苏两国共进行了10次出舱活动。

第二阶段：改进强化阶段（1969—1972）

改进强化阶段的标志是：美国实现了载人登月并进行了月面舱外科学活动。

此阶段美、苏两国共实施了20次出舱活动。

第三阶段：发展完善阶段（1973— ）

此阶段的标志是：建立长期载人空间站和开展经常性的舱外空间作业。

此阶段人类共实施了上百次出舱活动。

航天员出舱活动技术

航天员出舱活动的技术特征是：航天员是出舱活动的主要部分，是整个演出的"主角"，出舱活动是在太空中或其他星球的表面进行的。因此出舱活动是航天员在太空中或者其他星球上的一系列活动的概括，是一个动态的过程。

那么出舱活动训练是针对哪些出舱活动技术来进行训练安排的呢？出舱活动的基本技术包括：航天员着舱外航天服的人体运动与控制技术、舱外航天服装备技术、气闸舱技术、出舱活动窗口选择与出舱活动程序设计技术。

航天员着舱外航天服的人体运动与控制技术

在地球上，人们站立、坐卧都稳如泰山，如果没有其他动力影响，人即便是腾空跃起，也会因为有明显向下的重力引力牵引着回归地面。在太空微重力环境下，人体的运动和控制就不像在地球上这样"中规中矩"了。

穿衣

在微重力环境下，即在太空，重力可以近似看作为零，也就是失去了重量，我们称之为"失重"，航天员在太空的状态是"悬浮"着的，遇着外力就要跑。平常我们看体操运动员、杂技演员都佩服得五体投地，但在太空，平常人都犹如神助，什么空翻、旋转、倒挂金钟都不在话下，更难的动作也可顺

开门

行走

图3.4　太空漫步三大"高难动作"

手拈来。但是同时也不要忘记了，航天员在进行出舱活动时是要穿航天服的，穿上航天服之后是不是还像我们说的这样灵活呢？

穿上舱外服可就大不一样了，充气之后，舱外服像个大木头，手脚不灵活，来回晃悠。在对设备进行操作之前先要固定好自己的体位，"行走"更用不上脚，全靠手牵引，费时又费力。在这种情况下，着舱外服的操作和运动控制技术就显得异常重要。

着舱外服的操作和运动控制技术，决定着航天员操作的准确性，运动的安全性，动作的功效性，对顺利按程序完成出舱任务有重要意义，是航天员"太空漫步"的基本技能。因此航天员首先要做的就是在理论上了解它，熟悉它，然后再在实际的训练和操作中去掌握它。

舱外航天服装备技术

舱外航天服是航天员生命的保护神，其复杂程度和保障能力，不亚于一艘小航天器，俄罗斯就曾经利用废弃的舱外航天服改装成卫星，继续发挥它的太空使命。舱外航天服生命保障系统和设备的集成度很高，就像人身体的器官，各个部件协同运转，航天员就要像医生一样，熟知任何器官，出现不适都能诊断处理。

图 3.5　俄罗斯"海鹰-M"型出舱活动航天服

气闸舱技术

气闸舱是航天员进出太空的通道，出舱活动过程中的"过闸"工作就是在这里进行的。它里面有舱外航天服系统、出舱保障控制台、泄复压部组件等出舱保障设备。

在有关气闸舱技术的理论训练中，航天员要明白和掌握怎样才能做到尽可能地缩短出舱准备时间，节省气体和消耗物品资源，同时还要学习如何防止减压病的发生。气闸舱门的开关和密封性决定着密封舱段和出舱任务的安全，这也是航

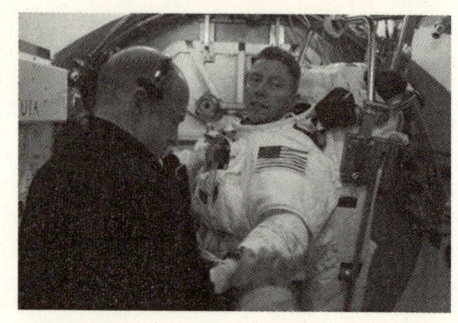

图 3.6　美国航天员福萨姆在气闸舱内穿舱外航天服

天员在气闸舱理论训练中所必须掌握的内容。

出舱活动窗口选择与出舱活动程序设计技术

出舱窗口是指航天员在执行航天飞行任务过程中实施出舱活动的时间范围。出舱窗口选择的好与坏直接关系到航天员出舱活动质量的高低。

出舱活动程序是航天员出舱活动中的依据。在地面，航天员就要按此程序进行大量的模拟训练，以确保在实际飞行中能够顺利执

链接：选择出舱窗口时需要考虑的主要影响因素

①预计的飞行时间；

②预计的出舱人数、次数和出舱任务；

③出舱窗口尽可能安排在阳照区；

④出舱窗口尽可能安排在连续测控覆盖区；

⑤出舱窗口尽量避开空间运动病高发期；

⑥出舱窗口尽量避开强辐射期和强辐射带。

行任务。在实际飞行中，除航天员外，地面指挥人员和飞行保障人员也必须按照出舱程序执行出舱活动。

出舱活动医学基础理论

出舱活动医学基础理论从生理和心理的角度，分析了太空环境对出舱活动的影响，以及针对这些影响而采取的医学防护问题。

航天员出舱活动面临着失重、真空或低压、宇宙辐射、微流星和空间碎片以及高低温等空间不利影响因素，对其能量代谢、心血管功能和心理等都会产生明显的副作用，最突出的表现在减压病、空间运动病和心理学方面问题。

减 压 病

减压病是指人的身体因为所处环境的气压快速降低或者降低幅

度过大，人体内原本的氮气也会随之扩散，最终超过极限，以气泡的形式逸出，随血液流动至身体各部位从而导致病症。其主要症状为：关节疼痛、皮肤刺痛、瘙痒、咳嗽胸痛等，严重时危及生命安全。

图 3.7　美国的航天员正在进行出舱活动维修航天器，在这个过程中所面临的一个很大的威胁就是减压病

航天员在进行出舱活动时必须要经历一个减压的过程，而且减压的幅度很大，如果不采取防护措施，必然会导致减压病的发生。预防减压病的最好方法是合理的吸氧排氮。

俄罗斯和美国的航天员在进行出舱活动之前，都是通过吸氧排氮来预防减压病的发生。具体的做法是，先通过阶段式减压，然后在出舱前吸氧排氮 30~40 分钟，之后出舱执行任务。实践证明这样的预防措施是有效的，至今为止，上百名出过舱的航天员尚无一人得太空减压病。

空间运动病

空间运动病是出舱活动的大敌，其危害在于它的发病率很高，而且到目前为止还没有有效的防护措施。空间运动病在发病时不仅影响航天员的健康，还会降低航天员的工作能力和工作积极性，致使航天任务不能按计划进行。自苏联"东方2号"航天员季托夫报告出现运动病症状以来，40多年的飞行中，有半数的航天员都感觉到了运动病的存在。

运动病是人体对高强度和持续性陌生运动的不良反应。一般表现为：进入失重状态后，对运动敏感，不适应，不想动；胃部

图 3.8　航天员出舱工作，对航天器进行维修。空间运动病是其面临的一个大敌

不适，恶心、呕吐；有时为突发性的，会感觉到不舒服、头痛；出现错觉等。前庭功能失调、视觉错误、体液重新分配大脑充血、不舒适感，甚至错误的认知和决策都有可能使运动病加重。

如何防止空间运动病的发生和减轻，已经成为空间医学研究的重要课题。目前在航天时采用的一系列医学、工程的预防措施，包括前庭功能选拔、前庭功能训练、采用抗运动病药物、合理饮食作息制度、加强心理训练、改善航天器环境等。

心理学方面问题

出舱活动中的心理学问题，时时刻刻影响到出舱活动的进程。良好的认知能够使程序顺利地进行下去，甚至出现了特殊情况也能够做到临危不乱，正确处理。反之心理素质不过硬，错误的决策就有可能酿成大祸。

执行出舱活动的航天员有任务的责任感和压力感；在舱外航天服的装配和准备阶段，工作量大、时间长，会有烦躁疲劳感；进入舱外航天服里会有狭小的恐惧感；气闸舱泄压时会有紧张感；操作不顺利会有焦虑感；太空行走会有危险感；出现错觉会有茫然感；出现特殊情况会有不自信感……这种种不利的情绪，都需要我们提高警惕，并找到修正的方法。

舱外活动中，独自的行动是常事，因此要求航天员有极强的自主工作能力。但此时航天员最需要的也是帮助，地面和同伴的提醒与指挥对他们来说就是最大的安慰，因此通话是维系工作进程的良好纽带。为了提高航天员的应急处理能力，在航天员的训练中通常采用情绪应急能力反馈训练法进行心理辅助训练。

气闸舱理论

气闸舱是指用于实现载人密封压力舱与太空之间压力过渡的隔离舱。它是航天员进出太空的通道。现在的航天员出舱活动都是利用气闸舱实现的。

在气闸舱里航天员准备好舱外服，做好出舱前的准备工作，关闭气闸舱的内舱门，采取阶段减压方法，航天员在气闸舱里完成"航天服气密性检查""吸氧排氮"等一系列"过闸"活动后，将气闸舱压力泄到最低，打开出舱门，进行舱外活动；回来后将出舱门关闭，检查舱门密封，再用复压阀，将气闸舱复压到与载人密封舱相同的压力，打开内舱门，进入载人密封舱。气闸舱内的气压犹如一道"气闸"，可调高调低，因此，航天员在气闸舱里的出入舱相关

链接：典型气闸舱简介

1. "上升2号"飞船的"伏尔加"气闸舱

气闸舱是气囊式的，发射时气闸舱是折叠固定在飞船返回舱外舱口的上方。当航天员要进行出舱时，可以利用充气展开机构，使用4个氧气瓶向气囊内的36根橡皮充气棒充气和向气闸舱加压，将气囊支撑起来。这时气闸舱为长2.5米，内部直径1.0米，外部直径1.2米的圆柱形。这是人类出舱活动中的首座气闸舱，虽然技术还不成熟，但却是现代气闸舱的维形。

2. "和平号"空间站气闸舱

它的特殊之处在于气闸舱和载人密封舱之间有过渡舱，气闸舱的复压使用其他大的舱段气体。如果气闸舱不能密封，还可以使用过渡舱进行救援，同时还备有便携式充气设备，以供紧急复压使用。出舱门直径为1.0米。

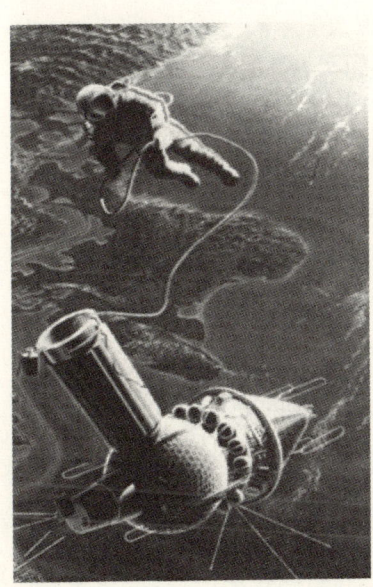

图3.10 "和平号"空间站全貌

图3.9 列昂诺夫乘"上升2号"飞船出舱活动，其中那条长长的"脐带"所连接的一个圆柱形的物体就是"伏尔加"气闸舱

图 3.11　国际空间站近景示意图　　　图 3.12　我国"神舟七号"载人飞船出舱
　　　　　　　　　　　　　　　　　　　　　　活动模拟图

3. 国际空间站"探索号"气闸舱

它可供美、俄的舱外航天服共同使用。共用气闸舱长 6 米，直径 3.9 米，内部活动空间 34 立方米，重 6500 千克，由乘员气闸舱和设备气闸舱组成，乘员气闸舱供航天员出舱用，设备气闸舱除用来存放出舱保障设备外，还可供预吸氧用。

4. "神舟七号"飞船气闸舱

它可供 2 名航天员穿着舱外航天服使用，由轨道舱改装成，长 2.5 米，直径 2 米，内部活动空间 9 立方米，出舱舱门直径为 0.85 米，配备有舱门快速检漏装置。

工作谓之"过闸"。

气闸舱的作用是：进入太空的通道；节省气体资源；对出舱设备安全检查，"吸氧排氮"预防"减压病"；能泄压复压；简化了出舱活动系统设计，提高了出舱活动的安全性。

气闸舱内的设备有：内外（出舱）舱门、压力平衡阀、泄压阀、真空压力表、复压设备、通信保障设备、照明设备、出舱保障控制台、舱载对接系统、服装控制台、舱载氧瓶组件、飞行包、工具包、水箱、舱外服支架、扶手和脚限制器等。

舱外航天服理论

舱外航天服是航天员出舱活动时穿着的个人综合防护作业（工作）设备，具有防止宇宙空间环境对人体的危害，为航天员提供所有生命保障条件和作业活动功能，从而保证航天员生命安全和工作效能。

下边我们就以俄罗斯"奥兰－M"型舱外航天服为例，来简单介绍一下舱外航天服理论的内容。

"奥兰－M"舱外航天服多次应用于"和平号"空间站和国际空间站的出舱活动。它由舱外航天服本体结构系统、舱外航天服自主生命保障系统、舱外航天服测控通信系统和航天员个人装备和维护保障设备等组成。

①舱外航天服本体结构系统包括舱外压力服和真空屏蔽隔热外层。

舱外压力服是舱外航天服的主要部件，主要用来保证密封性、可靠性和工作效能，是舱外航天服其他部件和系统的载体。

真空屏蔽隔热外层主要用于防护

图 3.13　俄罗斯"奥兰－M"型舱外航天服，又称"海鹰"舱外航天服

空间热辐射，套在舱外压力服外部。真空屏蔽隔热层组由镀铝薄膜和网状织物构成，基本部位为五层，而在需要加强防护的电器部位真空屏蔽层增加 2~4 倍。

②舱外服自主生命保障系统的功能是：建立并保持航天服内必要的氧压；净化航天服内大气，去除二氧化碳和其他有害杂质；保持航天服内的热工制度。

③舱外服电气设备包括供电系统、电机设备和监测与通信系统。

④航天员个人装备和舱外航天服维护装备。

航天员个人装备包括：内衣、舒适手套、短裤、袜子、医监背心、通信头戴、手表、反光镜、液冷服、舱外航天服手套、舱外航天服余压表、救援运输带等。

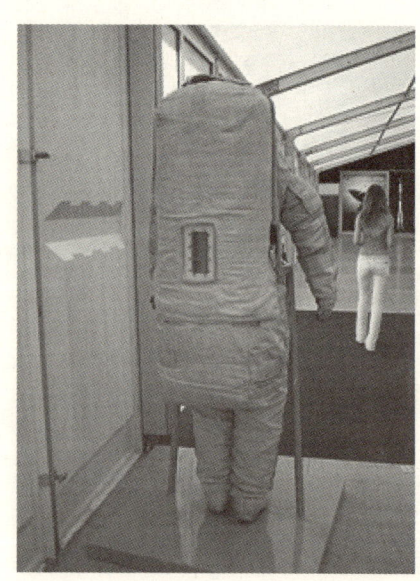

图 3.14 俄罗斯"奥兰 -M"型舱外航天服的背包结构

舱外航天服维护装备包括：

备件包 -1：出舱前舱外航天服的准备和检查工具；

备件包 -2：舱外航天服备用舱外手套；

备件包 -3：出舱前舱外航天服液路系统工作工具；

备件包 -4：出舱后舱外航天服干燥工具。

出舱活动专业技能训练

　　完成了基本理论学习，经过考核后，航天员将进入单项专业技能训练。专业技能训练主要是使航天员掌握出舱活动过程中涉及的各种设备的单项操作技能。出舱活动从准备工作到结束需要十几个小时，航天员操作的设备有上百个，操作的项目有上千个，操作的动作有上万个。航天员要清楚任何一个设备的形状、位置、操作方法、操作要领以及相关联的操作，达到特别熟练的程度。这就需要从单项训练入手，不断地熟悉，不断地重复。

　　专业技能训练主要是使航天员掌握出舱活动过程中涉及的各种设备、设施的操作技能，其内容主要包括舱外航天服系统、气闸舱内部设备、航天服内部相关设备的操作技能、出舱活动任务中要使用到的各种工具操作训练、航天器外部可以用来协助出舱的设备操作技能以及具体的出舱活动操作内容等。

　　例如，对于舱外航天服而言，航天员应熟知舱外航天服的结构与组成部分，熟知航天服在太空中的启封、航天服在使用完毕后的干燥与封存方法；航天服的组装与调整，航天服环控生保系统液路系统操作、气路系统操作、电气系统操作；在标准工作压力下操作航天服上的阀门、手柄、按键的方法，甚至如果航天服发生小的故障，航天员还能够进行简单的修理。

典型的专项技能操作项目

这种项目主要有两个，一个是舱外航天服气密性的检查，一个是开关出舱舱门。

舱外航天服气密性检查

舱外航天服的密封性是航天员的命根子，出舱活动中航天员要不定时地检查服装上的余压表，余压表显示的是服装内部与外部的压力差，在真空条件下余压不能小于 35 千帕，否则服装就可能出现设备或泄漏故障，危及安全。

在"过闸"阶段，航天员要在常压条件下，利用舱载对接系统，通过服装控制台将手柄放到"加压"位置，把服装加压到 12 千帕，再将手柄放到"气密性检查"位置，稳定 1 分钟后，看服装压力是否下降，这是服装初步气密性检查，目的是看服装有否大泄漏；然

图 3.15　航天员在出舱活动之前检查舱外航天服的气密性（一）

后再加压到 42 千帕，稳定 1 分钟后，再看服装压力是否下降，这是服装最终气密性检查，目的是看服装在工作压力下是否有泄漏，如果服装任何一项气密性检查不合格，都要泄压，打开背包门，检查影响密封的设备，然后关上背包门，再次重复进行气密性检查，如果还不合格，则取消该套服装的出舱资格。

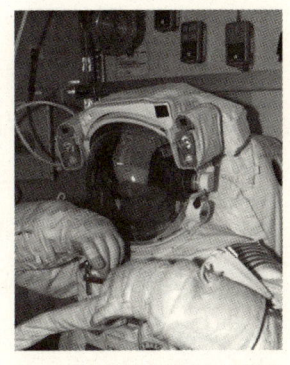

图 3.16　航天员在出舱活动之前检查舱外航天服的气密性（二）

开关出舱舱门

开门，关门，对于我们来说是再平常不过的事情了，可是对于身处太空的航天员来说，尤其是即将进行出舱活动的航天员来说，就不是那么简单的事情了。航天员必须反复练习才能正确和熟练地掌握开关门的步骤和方法。

图 3.17　航天员打开气闸舱舱门走进太空

出舱舱门是进出太空的关口，开舱门方法不正确，可能会损坏舱门，关舱门方法不正确，可能导致舱门不密封。1998年3月，"联盟27号"飞船／"和平号"空间站出舱任务，航天员在开舱门时，使用扳手用力过大，导致气闸舱门螺栓脱落，航天员无法出舱。1997年11月，"联盟26号"飞船／"和平号"空间站出舱任务，由于"量子2号"舱段的舱门漏气，航天员从备用舱门返回。所以在地面看似简单开关门的动作，在天上可就不那么简单了。开舱门时，航天员要看舱门上的开门程序，固定好身体，解开安全锁，握住开关门手柄，转动打开舱门固定销，因为此时舱内外还是有压差的，必须用辅助撬杠，将门打开一条缝，使舱内气体完全泄掉，这样才能打开舱门。返回关舱门以后，要对舱门进行检漏，如果舱门不密封，要重新打开，对舱门进行检查和擦拭，再次关舱门进行检漏。

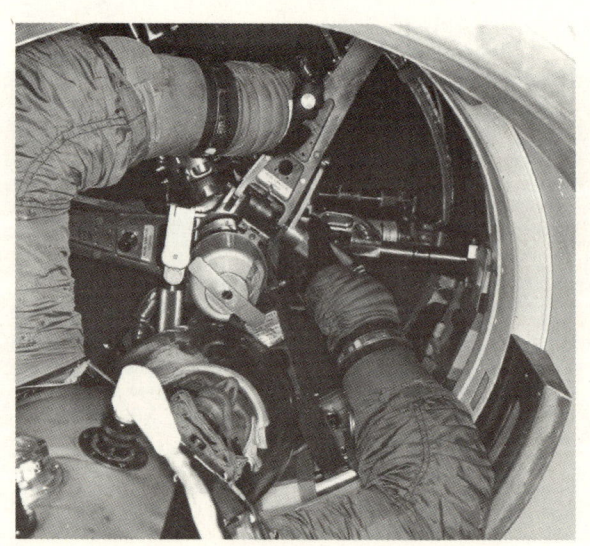

图 3.18　航天员在练习打开气闸舱的舱门

出舱程序训练

出舱活动任务艰巨而繁杂，工作项目一环扣一环，程序性特别强，尤其在"过闸"阶段，航天员身着笨重的舱外航天服，视野狭小，体力消耗大，心理压力大，容易出现错、忘、漏的情况，因此出舱程序设计对于保证安全，降低风险，减轻航天员的劳动强度至关重要，更是整个出舱活动训练的主线。

出舱程序训练的内容

出舱活动程序训练内容包括：在轨出舱活动前的准备、在轨实施的预训练、着舱外航天服的"过闸"程序、出舱活动后的恢复工作以及出舱活动过程中的特殊情况处理。

出舱程序训练过程中有时还结合故障

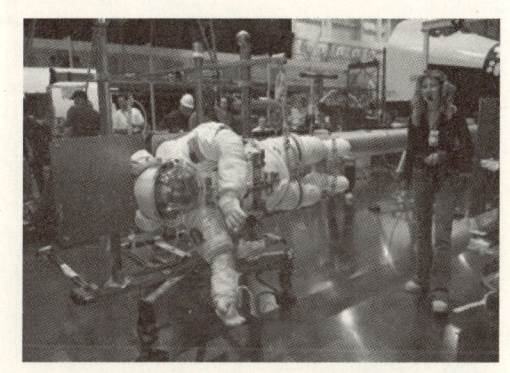

图 3.19 航天员穿着舱外航天服在地面上进行出舱活动行走训练（一）

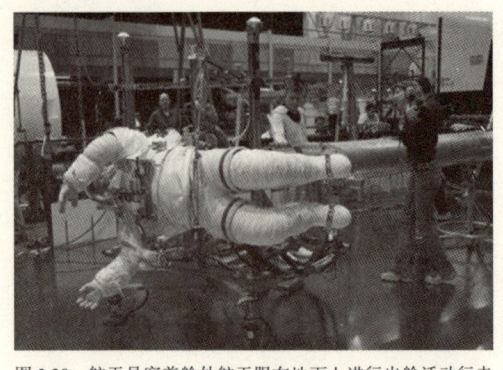

图3.20　航天员穿着舱外航天服在地面上进行出舱活动行走训练（二）

进行，主要故障包括：舱外航天服的缓慢泄漏故障、舱外航天服的快速泄漏故障、舱外航天服通风故障、舱外航天服温控系统故障、通信故障、气闸舱舱门故障

等。熟练掌握各种故障现象及处置方法是出舱程序训练的重要内容之一，通过在出舱程序训练模拟器上的训练，航天员能够掌握正常过闸程序及故障识别与处理的全部内容。

链接："奥兰 –M" 舱外航天服出舱程序训练的主要内容

1. 在轨出舱活动前的准备内容

①舱外服的启封和检查；

②舱载对接系统检查；

③舱外服液路的气 / 液分离和检查；

④舱外服消耗性元件的更换；

⑤舱外服的尺寸调节；

⑥个人装备准备；

⑦舱外服和舱载对接系统的密封性检查以及阀门的工作状态检查。

2. 在轨预训练的主要内容

①舱外服系统检查；

②舱外服舱载对接系统检查；

③安装出舱活动装置；

④通信检查及医学参数监视；

⑤进入并密闭舱外服；

⑥舱外服与舱外服舱载对接系统控制检查；

⑦舱外服与舱外服舱载对接系统初步气密性检查；

⑧标准工作压力下舱外航天服系统检查；

⑨舱外航天服转换（舱载供给与自主供给）训练；

⑩退出舱外航天服；

⑪训练之后的工作。

3. 在经过了在轨准备和预训练之后，将要进行的就是正式的过闸程序，其内容是：

①关闭相关的舱门；

②进入舱外航天服并关闭背包；

③检查舱外航天服和舱载对接系统的控制机构；

④舱外航天服和舱载对接系统的气密性初步检查；

⑤舱外航天服和舱载对接系统的气密性最终检查；

⑥将气闸舱泄压至 73 千帕；

⑦检查相关舱门的密封性；

⑧大流量冲洗服装并吸氧排氮；

⑨平衡气闸舱和过渡舱之间的压力；

⑩将气闸舱和过渡舱泄压至 73 千帕；

⑪检查相关舱门的密封性；

⑫将气闸舱泄压至 2 千帕；

⑬对气闸舱进行最后的密封性检查；

⑭舱外航天服转为自主供给；

⑮根据地面指令打开出舱舱门；

⑯接通水升华器。

4. 在执行完舱外活动任务之后，航天员在返回过程中执行的工作主要是：

①关闭出舱舱门（之前已经关闭了水升华器）；

②气闸舱复压至 35 千帕；

③舱外航天服转为舱载供给；

④气闸舱的初步密封性检查；

⑤气闸舱复压至 80 千帕；

⑥从舱外航天服内退出；

⑦气闸舱的最终密封性检查；

⑧打开与其他舱段连接的舱门。

在完成以上内容之后，还得对舱外航天服进行相应的恢复整理工作，要进行舱外航天服的干燥，消耗性元器件的更换，将舱外航天服置于储存状态等。

出舱程序训练的方法

出舱活动程序是出舱活动的工作安排，按照一定的时序完成相应的操作，主要依据是出舱程序手册和操作指南。航天员要充分理解规定的工作安排，操作项目之间的逻辑关系，掌握依据手册工作的方法。

出舱程序训练的主要设备有：出舱活动程序训练模拟器、舱外航天服试验舱、中性浮力水槽。依托这些设备，出舱程序训练分为两个阶段：

第一阶段是常压环境下在出舱程序模拟器和中性浮力水槽中的出舱程序训练；

第二阶段是在舱外航天服试验舱真空环境下出舱程序训练阶段。

大部分的出舱程序训练是在出舱程序训练模拟器上训练的。在

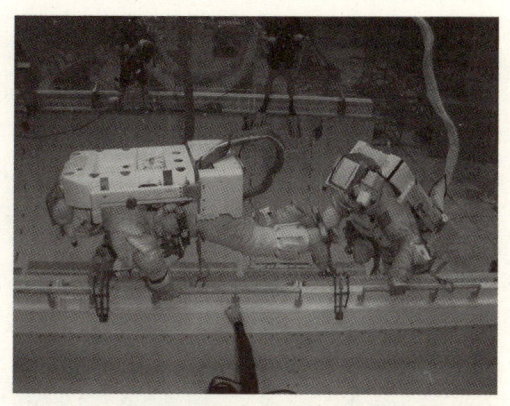

图 3.21　航天员在水槽中进行出舱活动训练（一）

图 3.22　航天员在水槽中进行出舱活动训练（二）

中性浮力水槽进行的出舱程序模拟训练可以弥补出舱训练模拟器无舱外段训练功能的不足，同时也能够完成舱内的主要训练项目，包括出舱保障控制台操作、气闸舱泄复压操作、开关舱门的操作。在更接近于失重状态下的操作，增加了程序操作中衔接的困难度，锻炼了航天员身体运动的控制能力。但也有一些局限性，如水槽训练服的压力不能改变、服装上的声光电的视觉现象不能模拟、受水下时间的限制有些出舱程序要压缩或简化等。

图 3.23　美国"阿波罗"登月模拟舱，专门用于"阿波罗"登月航天员的训练

链接：出舱活动训练设备——出舱活动程序训练模拟器

出舱活动程序训练模拟器是针对航天员的出舱前准备工作而研制的专项训练模拟器。它是载人飞船气闸舱内航天员／乘员组进行出舱流程学习和操作训练的专用设备。

以俄罗斯的出舱活动程序训练模拟器为例，它是根据半真实综合模拟的原则建造的，主要由训练用舱外航天服、气悬浮吊移动机构、气闸舱舱门、气闸舱仪表板、地面生保系统气液控制台、教员与医监医保控制台等组成。

出舱活动程序训练模拟器主要用于出舱前准备程序和返回后程序训练、故障处理能力训练、舱外服和气闸舱设备操作与控制等技能训练。它具有以下特点：

1. 出舱环境模拟

航天员执行出舱程序操作时，着舱外服，且处于失重状态，其操作反映在多个方面：服装压力变化和相关参数显示，服装内气流和声音，以及操作执行中对其身体动力学响应特点和控制技巧等。

为保证地面训练平台人机界面的真实性，在真实产品基础上，改造和研制常压下训练用舱外服和气闸舱载设备；为保障航天员移动和感受身体操作反馈，研制悬吊移动装置，平衡重力因素，减少移动摩擦阻力，提供无支撑环境，使得训练难度和训练针对性更加接近实际过程。

2. 出舱过程模拟

以受训航天员操作事件为驱动，能够模拟和显示气闸舱和舱外服在出舱过程中的状态变化，例如：开启泄压阀后，能够模拟显示气闸舱泄压的舱压变化；启动引射器后，能够模拟和显示服装通风流量和服装压力的变化等。

图 3.24　航天员进行出舱活动模拟训练

3. 故障模拟

在模拟器中实现航天员感知和操作排除的故障模式，训练中教员根据训练计划预先或临时设置故障，通过仿真软件驱动故障现象的产生，用以训练航天员判断、识别和处理故障

图 3.25　1965 年 3 月 29 日，美国第一位实现太空出舱活动的航天员怀特进行出舱活动程序训练

的能力。譬如：输入"舱外服泄漏"的事件，舱外服上能够显示声光报警信息，同时仪表板和服装压力表上的服装压力下降到报警限值以下，待航天员按排故程序正确操作后，恢复正常的情况。

4. 训练或试验进程控制

能够按照出舱程序和故障程序设置训练或试验科目，驱动真实设备、物理模拟设备和数值模拟设备协同工作，显示和存储受训航天员（或试验人员）的操作等训练或试验数据，为教员或试验主试人员评判训练或试验结果提供依据。

5. 医监保障

能够通过生理背心向医监医生提供受训航天员的生理数据以及与安全相关的工程数据，提供医生与受训航天员的通话信道，并进行出舱过程医监医保程序训练。

真空环境下的训练在航天服试验舱内进行，其训练内容主要是过闸程序。航天服处于真空环境里，航天员在服装里处于40千帕的纯氧状态下，操作动作难度相

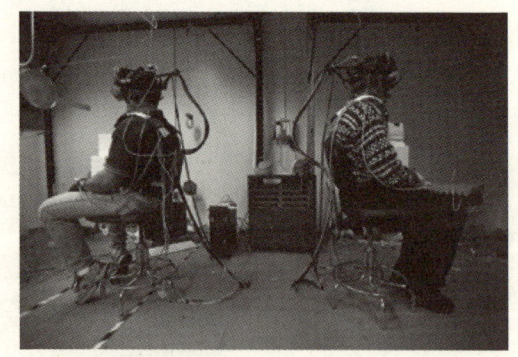

图 3.26　美国等国家利用虚拟现实技术对航天员进行出舱活动训练

对较小，因为没有失重模拟的干扰。舱外服真空舱训练的目的是：对航天员进行心理承受能力考验；检查真实吸氧排氮的效果；使航天员感受水升华器真实工作冷却的能力；考察航天员在此条件下的工作情况和能力。

链接：出舱活动训练设备——舱外航天服试验舱

舱外航天服试验舱能够在地面上模拟宇宙空间环境的真空、冷黑和太阳辐照等各种宇宙环境条件，因此舱外航天服试验舱一般被应用于航天员着舱外航天服在低压舱进行操作训练，以提高航天员对宇宙空间环境的心理适应能力。

除训练外，它还是舱外航天服的研制、试验的载人空间环境模拟设备。

可以毫不夸张地说，舱外航天服试验舱是舱外航天服研制和航天员进行舱外航天服使用训练的不可缺少的设备。

舱外航天服试验舱一般由舱体、真空及复压系统、热沉及氮系统、太阳辐照模拟系统、与服装相关的辅助设备等组成。下面我们就简单介绍几个国外有名的试验舱。

美国、俄罗斯为了进行舱外航天服工程研制试验、航天员训练和人－航天器的空间环境模拟试验等，各自陆续研制了数量众多、功能各异的载人空间环境模拟设备。

1. 美国的舱外航天服试验舱

美国进行舱外航天服试验和航天员进行舱外航天服使用、训练的主要设备有：美国联合航空公司（UAC）汉密顿标准部（HSD）载人试验舱、公共航空公司（RAC）的试验舱、LTV宇航部的试验舱、约翰

图3.27　美国的舱外航天服试验舱

逊载人航天中心（JSC）的B舱。此外，约翰逊航天中心还有一个载人舱和试验舱。

UAC-HSD试验舱为卧式柱形结构，内径为3.66米，长6米。由

主模拟室和两个并联的气闸舱构成。气闸舱设有 5 个直径为 0.3 米的观察窗。舱门高 2 米，宽 0.91 米。该设备在 1963—1967 年间完成了 NASA 的下列试验任务，可谓功不可没。

①1963—1965 年，完成"阿波罗"舱外压力服组装试验，主要进行航天服内通风供氧和呼吸气流的研究；

②1965—1966 年，完成了"阿波罗"舱外压力服和液冷服的联合试验，主要进行通风供氧研究和液冷服效率测试；

③1965 年，完成了"阿波罗"舱外航天服热性能试验、生保系统性能试验；

④1967 年，完成了整套舱外航天服的性能试验，此外，还完成了一系列其他载人试验，其中包括航天飞行时人体代谢和热负荷曲线测试，模拟登月活动试验、故障识别试验等。

约翰逊载人航天中心的 B 舱，与约翰逊航天中心最大的热真空试验设备 A 舱是姊妹舱。它们的基本性能一样，只是 B 舱尺寸稍小一些，但响应速度更快，更适宜于进行载人试验。整个试验舱的内径为 10.7 米，高 13.1 米，有两个并联的气闸舱，共有 5 个通道，6 扇门，可以同时容纳 3 名航天员进行训练。它在美国载人航天活动中的功劳也很大，曾完成过一些很重要的试验，主要有：

①"双子星座号"舱外航天服的载人系统集成与验证试验；

②"阿波罗"舱外航天服的设计验证试验；

③航天员的人－船－服的综合训练。

除此之外，约翰逊航天中心还有一个专门用于舱外航天服研制以及性能测试的试验舱。该舱是一个综合试验体，由一个内径 3.4 米、高 5.8 米

图 3.28　航天员准备进入试验舱进行训练

的载人试验舱和一个内径 0.6 米、高 0.9 米的小附加舱组成。

约翰逊航天中心还有一个可进行长期载人试验的试验舱,主模拟室为立式圆柱体,内径 6.1 米,高 8.4 米,配置有双气闸舱和紧急复压装置,还配置有快速减压舱。曾进行过的试验主要有:

①作为低压下的生活居住平台,于 1971 年完成"天空实验室"任务的医学试验;

②多种型号飞船的生保系统试验;

③"双子星座号"的人-船-服合练。

2. 苏联/俄罗斯的舱外航天服试验舱

苏联/俄罗斯用于进行舱外航天服研制试验和航天员进行舱外航天服使用、训练的设备,主要有星星公司的低压舱和高低温真空试验舱。它们在苏联/俄罗斯的载人航天飞行中,尤其是出舱活动的发展中发挥了极为重要的作用。

星星公司的低压舱为卧式柱形结构,舱体直径 4 米,长 5 米,舱门为电动式挡板门。它主要用于舱外航天服研制生产过程中的压力性能试验、舱外航天服在低压环境下的其他性能试验、航天员着舱外航天服在低压条件下的操作训练。

星星公司的高低温真空试验舱舱体也为卧式圆柱体,内径 2.3 米,高 8 米。在其低压舱建成之前,星星公司就在高低温真空试验舱进行过大量的舱外航天服研制试验和航天员的训练和相关试验等。

图 3.29 航天员在医监医保人员的陪同下进行出舱活动程序训练

出舱活动任务训练

　　出舱活动任务训练主要在中性浮力水槽中进行，据曾经执行过舱外活动任务的航天员反映，在太空中进行舱外活动的感觉与在中性浮力水槽中训练时的感觉非常相似。因此，航天员需要在中性浮力水槽中进行大量的模拟训练，充分体验模拟失重状态下的漂浮感，掌握在模拟失重状态下身体运动控制的特点，操作设备的要领，安全活动的规定，巩固出舱活动作业程序，熟练任务对象的安装、维修、运输等方法和技巧，其重点是完善舱外活动任务段工作的合理性。

　　出舱活动任务主要是对航天器和设备进行装配、维护、维修、科学试验、释放卫星和空间救援等。出舱活动任务又分为计划内、计划外和应急出舱。

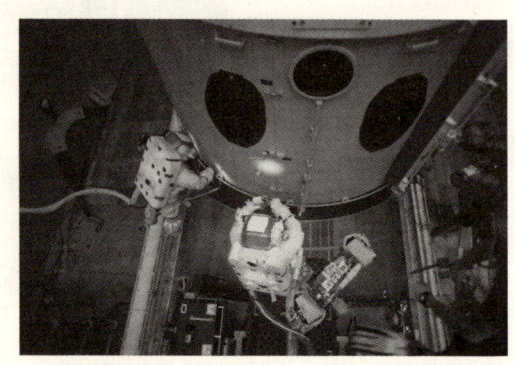

图 3.30　利用中性浮力水槽来模拟出舱活动和进行相关的出舱活动训练

图 3.31　航天员在中性浮力水槽中进行出舱活动维修训练（一）

图 3.32　航天员在中性浮力水槽中进行出舱活动维修训练（二）

　　计划内出舱任务通常都是提前制定好的，航天员飞行前经过大量的地面和水槽中出舱活动任务训练，已经充分熟练地掌握出舱活动任务的全部内容、技能和程序。

　　计划外出舱任务多是根据飞行的实际情况，地面临时决策，确定任务方案，通过水槽验证性试验，然后通知航天员临时进行出舱活动的方法和程序。计划外出舱对航天员的压力较大，因为航天员准备时间短，没有充分的针对性训练。

图 3.33　美国的航天员在进行水槽训练

　　应急出舱活动至今尚未出现，但飞行前全面系统的舱外活动技能和程序训练，已使他们具备了处理任何特殊情况的能力。

　　针对上面所提到的种种出舱任务，航天员都要事先进行全面的、有针对性的训练。

出舱活动任务训练通常为地面理论、实践训练和水下训练。水下训练模式分为轻装潜水训练和着水槽训练服水下训练。其中，着水槽训练服水下训练是出舱活动任务训练的重点。轻装潜水训练用于巩固潜水技能，主要是熟悉训练环境和训练设备，为下一步着水槽训练服水下训练打基础。

中性浮力水槽出舱任务活动训练是一项大型训练。在失重水槽中进行舱外活动训练的内容主要有：进出舱的方法和操作技巧，对设备与装置的精心操作、检测故障、修理和更换部件，以及安装新的设备，练习行走和捕获技术等。

失重水槽很大，可将 1∶1 的空间站或飞船的实物模型放置其中，这对于舱外活动训练，特别是出舱进行特定的装配和维修任务训练是非常有利的。当航天员在水槽训练时，可利用增减配重和漂浮器来调节平衡和稳定，使航天员能够保持在同一深度进行某项操作训练，从而模拟微重力环境的操作效应。另外，为了减小阻力的作用，受训者在水中应采取慢速谨慎的运动方式。航天员在进行失重水槽训练前，必须经过有关的理论培训和动作训练。在实施水槽训练时，首先必须着潜水服，带上氧气瓶，在教练的帮助和保护下，学会潜水及运动和操作的技巧，适应后才能穿上舱外航天服在水槽内进行各种操作训练，主要是出舱执行各种任务的操作。训练用的舱外航天服与实际飞行时的不同，如在航天服的腰部和裤脚处，可以放置铅块作为配重调整重心位置，以调节平衡和稳定。该训练还有助于航天员熟悉穿着笨重的航天服时如何工作。

链接：出舱活动训练设备——中性浮力水槽

中性浮力水槽设备是利用中性浮力原理模拟太空失重效应的大型蓄水设施。

中性浮力水槽的组成：槽体、水系统、起重设备、冷却水系统、照明系统、水槽服、地面生保系统、航天器模型、潜水装备、摄像监视系统、通话系统、医监系统、测控系统、高压氧舱。

以下我们就介绍几个国外典型的中性浮力水槽。

1. 俄罗斯加加林航天员训练中心中性浮力水槽

1970 年苏联开始筹备建设中性浮力水槽，1974 年开始设计，1976 年开始施工，1980 年开始投入使用，历时 10 年之久。该水槽在"和平号"空间站和国际空间站的建设过程中发挥着举足轻重的作用。

此中性浮力水槽位于加加林航天员培训中心的东部，由主试验楼、溢流应急排水湖和模型清洗准备间 3 部分组成。

主试验楼是整个实验室的中心和主体，它是一个 6 层高的圆形建筑，直径 48 米，地上建筑高 22.5 米，总建筑面积 4390 平方米。水槽位于圆形建筑的中心，地下一层主要布置水系统和高压气源系统的管道，还有升降平台的起重机、滑轮、钢丝绳等；地面零层是试验大楼的通风机房等设备；二层是主试台、航天员教学与办公用房；三层与水槽的水面基本持平，是开展试验的主要工作场地，有航天服的储备和维护保养间、航天服通风和冷却系统、航天员穿脱航天服场地、潜水装备维护与储存间、潜水员更衣室、淋浴室、桑拿室、健身室、加压舱等；四层只是一个半弧形结构，是生理参数和服装参数测试、摄像监视、通话系统、照明系统的控制场岗位。

为防止水槽漏水而淹没实验室，在大楼百米之外有一个应急排流湖，该湖可容纳水槽内的全部水量。在正常使用时，水槽内溢流的少量水也排至湖内。

另外，2002 年 8 月刚刚完成了模型清洗间的建设，它主要用于模型进入试验现场前的清理卫生、模型存储和维护等工作。

加加林航天员训练中心中性浮力水槽的槽体为圆柱形结构，直径 22.5 米，深 12 米，其中有 2.7 米在地平面以下；整个槽体由不锈钢焊接而成，钢板厚 8～12 毫米，容积约 450 立方米，可以容纳"和平号"空间站核心模型。在水槽周围，依据楼层开了 3 层舷窗，共 45 个，其中圆形观察窗 23 个，还有 2 个是长方形，用于观察和控制测试或训练情况。槽中的水温常年保持在 30℃左右，水质保持饮用水水平，一般 2～3 年换一次水。整个水槽的容积为 5000 立方米，加加林航天员训练中心中性浮力水槽的灯光系统也很有特点，它可以模拟出太空中实际的光照区和阴影区。

2. 美国中性浮力水槽

美国的中性浮力水槽有两个，一个是位于美国航空航天局马歇尔空间飞行中心的中性浮力模拟器——NBS；一个是位于美国航空航天局约翰逊航天中心的中性浮力实验室——NBL。

NBS 于 1968—1970 年建成，其基本结构与俄罗斯加加林航天员训练中心的大体相似，但设置了气闸舱。此水槽也是圆形结构，直径 22.8 米，深 12.2 米，储水量约为 5000 立方米。整个水槽由钢板焊接制成，内壁涂聚酯树脂。水槽外的周围建有 3 层平台：顶层用于放置潜水支持设备，中层设有维修间、储存间及水槽观察窗，底层即为地面。绕水槽舱壁上的观察窗既可以用于观察，也可以用作照明，它使用泛光灯为水槽内提供照明。

NBS 建成后主要应用于"天空实验室"建造过程中的各

图 3.34　美国中性浮力水槽远景

图 3.35　在水槽中训练的航天员和潜水员

项中性浮力模拟试验，以后成为航天飞机和国际空间站建造过程中进行中性浮力模拟试验的主要设备。

　　NBL 位于一座大型建筑物内，实验室内的水槽是一台混凝土结构的长方形实验设备，长 71.6 米，宽 41.2 米，深 18.3 米，一半（9.15 米）位于地面下，另一半（9.15 米）位于地面之上。其中在水下 4.6 米处的槽壁上还设有两个观察窗。这个水槽是目前世界上最大的中性浮力水槽，可容纳 5.3×10^4 立方米的水，每 24 小时换一次水，水温保持在 29℃左右。

　　NBL 可以容纳国际空间站舱段实体模型外加一个航天飞机的货舱模型，因此建成后主要用于航天飞机与国际空间站航天员舱外活动训练试验以及国际空间站的装配试验等。

3. 日本筑波航天中心中性浮力水槽

　　日本参加国际空间站计划后，为国际空间站提供了一个试验舱。日本宇宙开发事业团也因此在筑波航天中心专门建造了一个中性浮力水槽，用于进行实验舱的研制和确定实验舱的维护方法与实验架的更换以及进行航天员的基础训练等。

　　该水槽从 1992 年 4 月开始设计，1994 年 10 月全部设施完工，1995 年 1 月正式投入使用。其结构是一个半地下的钢制圆筒，直径为 16 米，深为 10.5 米，槽体外侧开有 14 个直径为 400 毫米、可监视水槽内部的监视窗和一圈通道。水槽内部有平台、固定摄像机等。此外，日本的中性浮力水槽利用锅炉对池水进行加热，使水温维持在 30℃左右，采用臭氧消毒。

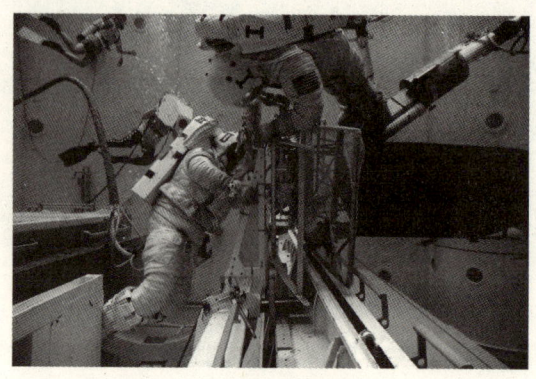

图 3.36　水槽训练

链接：着水槽训练服水下训练的基本内容

1. "过闸段" 舱内设备操作。

2. 开、关出舱舱门。

3. 通过出舱舱门。

4. 按预定路线行走。

5. 操作载荷设备。

6. 搬运物品。

7. 特殊情况处置、快速返回、紧急返回。

8. 舱外救援。

出舱航天员的心理训练

出舱航天员离开母航天器，要靠舱外航天服的生命保障系统来保障自身安全，而舱外航天服生命保障系统在进行出舱活动时具备的应急保障时间通常只有 30 分钟，一旦出现故障，其他航天员也爱莫能助。这种情况下，就要求出舱航天员独立快速地排除故障，因此出舱活动对航天员的敢为性、压力之下的危机处理能力要求是相当高的。

出舱活动任务也是在乘组协同配合、密切协作条件下完成的。因此，出舱活动对航天员的心理相容性也提出了很高的要求，不仅需要各成员间互相接纳，更需要以任务为中心的密切配合，互相帮助，精诚合作。那么要怎么样才能达到这样一个目标和要求？主要的还是对出舱航天员进行专门的心理训练。

例如对执行出舱任务的航天员乘组就要进行如下训练：

①出舱活动的认知训练。让航天员观看国外航天员出舱活动的影片，使航天员通过观察了解出舱活动，消除出舱活动的神秘感。

②失重状态下心理适应性训练。出舱活动任务是在太空失重条件下完成的，需要航天员充分体验失重条件下与地面重力条件下完成同样任务需要用力上的差别，心理上完全适应在血液头向转移条

件下维持正常生活。

③敢为性训练。敢为训练方法既可以采用真实的"航空飞行训练"和"跳伞训练",飞行和跳伞训练对提高个体的敢为性、果断性具有重要锻炼作用。同时,对于在压力下的调节能力和适应能力则可以用我们前面说过的生物反馈法来进行训练。

④出舱活动乘组协同配合、资源一体化训练。在训练中,首先要帮助航天员容忍别人与自己不一样的地方,平和地接纳别人,然后结合航天任务,开始配合训练。该项训练是小组训练,每个成员都要牢记任务的总体目标,了解自己在任务中的角色要求和职责,并能在搭档需要时提供及时、有效的帮助。每个成员做任何事情的出发点都是"我们"而不是"我",都以任务为中心思考问题。

　　发展载人航天的各国，都有各自的航天员选训中心，比较著名的有美国国家航空航天局的约翰逊航天中心和俄罗斯的加加林航天员训练中心（又名星城）。它们主要的任务有：为载人飞行进行预备航天员和正式航天员的选拔；对航天员实施身体素质、心理、特殊环境因素适应性及飞行专业技能的训练，对航天员实施飞行前、飞行中和返回后的医学监督与医学保障，辅助飞行控制中心进行医学监督和相关问题的及时分析和指挥，并开展相关研究。

　　中国"神舟五号"的发射成功和后续载人航天任务的实施，将原来载人航天领域的美苏（俄）两极格局打破，载人航天由此进入了多极化时代。目前，美国休斯敦约翰逊航天中心和俄罗斯加加林航天员训练中心、中国航天员科研训练中心是全球三大设施完备的航天员训练基地。此外，欧空局（欧洲航天局）、日本、印度等也都在积极谋求载人航天的发展，并已有所作为。

第四章
飞 天 基 地

　　随着世界各地载人航天活动的蓬勃开展，航天员已渐渐为广大民众所认识和熟悉，但各国选拔、训练航天员的机构——航天中心的情况却鲜为人知，甚至还带有些神秘色彩。

初现端倪的飞天基地

目前世界上仅有美国休斯敦约翰逊航天中心、俄罗斯加加林航天员训练中心和中国航天员科研训练中心三个能独立训练航天员的基地。随着航天任务的频繁开展，其他国家的载人航天基地也正在崛起之中，譬如欧洲、日本、印度的载人航天正在准备之中，新兴载人航天力量也将在这一领域一显身手。

欧洲航天局与欧洲航天员中心

欧洲航天局

欧洲航天局（European Space Agency，简称 ESA），简称欧空局，是在 1975 年由一个政府间会议设立的，其目标是专门为和平目的提供和促进欧洲国家空间研究、空间技术和应用方

图 4.1　欧空局地面控制中心的工作人员

面的合作。它的前身是欧洲航天研究组织和欧洲航天器发射装置研制组织。它是一个欧洲数国政府间的空间探测和开发组织，总部设在法国首都巴黎。

图 4.2 法属圭亚那中部的库鲁发射场，是目前法国唯一的航天发射场所，也是欧空局（ESA）开展航天活动的主要场所

在欧洲航天员中心成立之前，欧空局主要有下列机构：

①设在巴黎的总部，很多决定在此作出。

②设在荷兰诺德韦克的欧洲航天研究和技术中心，它是欧空局的主要技术机构，大多数项目小组以及空间科学和技术研究部的工程师在此工作。欧洲航天研究和技术中心还提供有关的试验设施。

③设在德国达姆施塔特的欧洲航天空间操作中心，它负责所有卫星操作以及相应的地面设施和通信网络。

④设在意大利弗拉斯卡蒂的欧洲航天研究所，它的主要任务是利用来自空间的地球观测数据。

欧空局还对设在库鲁的欧洲航天港圭亚那航天中心做出贡献。为了实现其空间目标，国际合作是欧洲空间政策的中心内容之一，欧空局不但与美国、俄罗斯和日本等传统的航天国家合作，而且还与新兴的航天国家和发展中国家合作。

欧洲航天员中心

随着载人航天活动规模的不断扩大，欧空局决定成立欧洲航天员训练中心。欧空局早期负责其航天员事务的机构是设在巴黎的欧空局航天员办公室。后来，由于载人航天活动规模的扩大，1990年5月欧空局和德国国家机构签订了协议，在德国科隆正式创建了欧洲航天员中心（European Astronaut Center，简称EAC），办公地址就定在德国航空航天中心大楼内。EAC迅速成为所有欧洲航天员的基地，其任务是选拔和训练来自各成员国的航天员并调整欧洲的航天员活动，具体负责三个方面的工作：管理航天员大队、训练国际空间站航天员和为航天员提供医疗保障。

1990年，EAC成立之初只有3名航天员，为了实施"赫尔姆斯"航天飞机计划（现已取消）和"哥伦布"轨道设施计划，1992年欧洲进行了第二次航天员选拔。从5500名欧洲人中选拔出了6名预备航天员。经过一年基础训练，1993年12月，6名预备航天员都正式成为欧洲航天员。至此，EAC才算初具规模。1998年3月25日，为了改善欧洲参与国际空间站计划的组织管理，并且进一步优化航天员资源，欧空局参与国际空间站计划的成员国将各自的航天员大队资源统一起来，成立了一个欧洲航天员大队。欧洲航天员大队成立后，EAC队伍不断壮大。到2000年6月，EAC一共有16名成员，其中包括11名上过天的航天员和5名预备航天员。在EAC成立后10年间，先后有27人次航天员参与了31项航天任务，随着飞行任务日益增多，EAC在载人航天领域也培养造就了大量专家，积累了丰富的经验。

欧空局成员国的航天员一方面积极参加俄罗斯的空间站飞行，同时也积极参加美国航天飞机的搭载飞行。在航天员的选拔、训练、飞行操作、进行科学实验，甚至出舱作业方面，获得了系统的知识和丰富的经验，为未来独立地开展载人航天活动打下了良好的基础。

拥有了自己的航天员选训基地，掌握了丰富的航天经验，欧空局就可以积极参与一切国际合作活动，其中包括在国际航天站上飞行、月球基地乃至火星考察飞行，甚至独立地开展载人航天活动。

载人航天计划

欧洲航天员中心和欧洲航天防务集团（EADS）提出了一项载人航天的新计划，期望在 2017 年实现欧盟载人航天。根据这项计划，欧盟将分两步实现载人航天：第一步是到 2013 年实现无人飞船成功回收；第二步是 2017 年实现载人飞船飞行。据悉，目前这项计划还有待欧盟航天机构的最终评估和批准。

2004 年 2 月 3 日，欧空局也正式宣布了先载人登上月球、再载人飞火星的"曙光女神"火星探测计划，这似乎是在同美国同年 1 月宣布的火星探测计划公开竞争。根据"曙光女神"火星探测计划，欧洲将在 2011 年发射一个火星探测器，采撷 0.5 千克的火星岩石回地球进行分析；在 2020—2025 年实现载人登月；在 2030—2035 年间发射载人火星探测器，实现欧洲航天员登上这颗红色星球的梦想，寻找生命的迹象。这份计划比美国庞大的"空间探索新计划"更为细致，美国的计划仅仅提出了在 2020 年之前重返月球以及在 2030 年左右登陆火星的宽泛目标，而据"曙光女神"计划的主任弗朗克·奥加罗说，为了实施欧洲这一雄心勃勃的火星探测计划，欧空局已经制定了"路线图"。

2008年3月9日，欧洲首艘自动货运飞船（ATV）的成功发射，为欧盟实施载人飞船计划奠定了基础。但目前ATV还不能实现自动返回，因为该飞船在再入大气层时无法承受大气摩擦产生的巨热。EADS航

图4.3 欧空局发射载人飞船的"阿丽亚娜"火箭

天集团阿斯特利姆公司负责人埃夫特·杜东克称，实现载人飞船还有一些技术挑战，其中一项是需要在ATV的基础上增加航天员生活空间，配备生命维持系统，增设救生系统。据称设计中的载人飞船直径为3.3米，能容纳3名航天员。另外发射载人飞船的"阿丽亚娜"5型火箭也需要改进。

欧盟开发载人飞船不仅具有政治上的象征意义，而且是现实的需要。如果美国航天飞机按计划在2010年全部退役的话，届时只有俄罗斯的飞船能承担运输航天员的任务，欧盟能成功开发载人飞船，将可作为重要的补充。

欧盟几十年来已提出过多项载人航天计划，包括"桑格尔"和"赫尔姆斯"计划，但计划先后因各种原因夭折，此项新计划能否实施还将拭目以待。

日本的筑波航天中心

筑波航天中心（TKSC）位于日本东京东北部风景秀丽的筑波山附近。筑波，是闻名于世的科学城，科技实力雄厚，也是日本和众多国际大公司的集结地，这里理所当然地成了建设日本最大的航天中心的首选地点。

筑波航天中心总占地面积约530000平方米。这里既是日本卫星的研制中心，也是日本开展载人航天活动的唯一基地。1972年它由宇宙开发事业团（NASDA）建立，现隶属于日本航空航天探索局（JAXA，日本政府的一个独立的航天管理机构），是实施JAXA航天计划的核心力量。

积极筹备载人航天

1985年，日本选拔了首批航天员，共3名，后来又选拔了2次。目前，日本航天员队伍由8人组成，其中6名男性、2名女性。这8名航天员都拥有较高的学历，有4名获得了博士学位，其余4名均有硕士学位。日本航天员的主要专业训练是在美国约翰逊航天中心、肯尼迪航天中心进行的，而在筑波航天中心仅进行一些基础训练和特殊的专业训练。筑

图4.4　日本"希望号"实验舱

波航天中心正在逐步地为未来的载人航天活动建立广泛的基础。目前它正在为几年后日本航天员在国际空间站的日本"希望号"实验舱（kibo）内开展工作而积极准备着。

"希望号"实验舱是日本从 1998 年 11 月开始研发的。该实验舱是国际空间站的一个重要组成部分，由舱内实验室、舱外暴露实验平台两大部分组成。舱内实验室（又称"增压舱"）长 12 米、直径 4 米，可供 4 名航天员长期生活和从事研究工作。舱外暴露实验平台由卫星通信系统、机器人手臂等六个部分组成。2008 年 3 月 11 日，美国"奋进号"航天飞机在肯尼迪航天中心发射升空，机上携带了将安装至国际空间站的日本"希望号"实验舱后勤保管室部分，并搭载了日本航天员土井隆雄。"希望号"空间实验舱的主体部分于 2008 年 6 月由美国"发现号"航天飞机发射升空，与国际空间站对接，待 2009 年部件全部到位后才能投入工作。

载人宇宙飞行是日本航天计划中最重要的部分之一。不仅如此，日本航天界还在瞄准另一个更长远的目标，那就是继"希望号"实验舱之后研制有人驾驶的空间飞行器。最近，日本航天机构出台了一个计划，要在 2020 年发射载人宇宙飞船。该计划披露，日本开发的新型宇宙飞船比美国的宇宙飞船要小，比俄罗斯的宇宙飞船成本低，性能好，更现代化，定员 3~5 人，具有往来于月球等近地球天体的能力。与此同时，日本宇宙航空研究开发机构宣布，将自 2008 年 4 月 1 日起面向公众招募新一批航天员。这一切，似乎都反映出日本在载人航天事业上的新希望。

在 2005 年 JAXA 公布的未来 20 年太空开发远景规划中明确指出，日本将首先用 10 年时间，积累载人航天和月球利用等方面的技术，并在第二个 10 年中，致力于实现独立的载人航天活动，并建设月球无人基地。日本一些航天技术专家相信，日本在技术上有能力实现载人航天飞行。日本东京理工学院航天工程学副教授松永三郎在接受美联社记者采访时说，日本有能力在 4~5 年内实现载人航天飞行。日本航天专家的自信，意味着继俄罗斯、美国、中国之后，又一个载人航天大国即将诞生。

根据设想，日本将首先在设计、建造并使用日本实验舱及其附属设备的同时以最低的成本取得载人航天所需的基础技术。由于依赖美国的航天飞机，日本的航天员上天计划曾多次推迟，其中"挑战者号"失事使这一计划推迟到了 1992 年。在这一年，日本的第一位航天员终于乘坐美国航天飞机进入了太空。

日本航天的崛起与美国的帮助是分不开的，在载人航天方面也是如此。可以这样说，没有乘坐美国航天飞机的机会，没有国际空间站计划，日本就无法在风险很小的情况下取得载人航天飞行的经验。利用这种机会取得航天飞行经验现已成为日本航天活动委员会航天关键技术开发规划中的一项重要内容。该委员会受总理府领导，是日本的最高航天政策审定机构。它很重视同美国的合作，特别是在载人航天这种风险高、投资大的项目上。

载人航天系统公司

日本在东京专门成立了集团性的日本载人航天系统公司，从而形成了日本载人航天工作的一个核心。该公司总裁是原 JAXA 旗下 NASDA 的理事长，雇员中有一些是 JAXA 的工程技术人员。在筑波航天中心的各种载人航天试验与处理设施完工之后，载人航天系统

图 4.5　日本航天发射中心

公司将其 75 名雇员中的大多数从东京调至距筑波航天中心约 16 千米的土浦。在筑波科学城及其周围 20 多家政府的研究机构和 10 多个属于各大公司的研究开发中心中，有一些将来很可能会参加载人航天方面的开发工作。

向日本载人航天系统公司投资的日本公司一共有 62 家，其中有航天部件的生产厂家、电子公司，也有银行、工程公司和意外伤害保险公司。投资较多的公司有三菱重工、日本电气、石川岛播磨重工、东芝和川崎重工等大公司。

在载人航天系统公司的雇员中，有约 30 人是从与航天有关的公司中来的，有 7 人来自 JAXA 的各分部。这些人按照惯例每 2 年或 3 年轮换一次，退下来的回原单位继续工作。1992 年上任的公司总裁秋良久保野是原 JAXA 的理事长和种子岛航天中心主任，曾广泛从事过同日本实验舱和国际空间站项目有关的工作，并与美国航天界有过很多交往。他最初曾在三菱重工供职，从事航空方面的工作，在日本航天界小有名气。秋良久保野估计他的公司到 1998 年前后日本实验舱项目工作最忙时人数会达到 100 人。

载人航天系统公司的合同差不多都是从 JAXA 那里得到的，但它也希望在今后几年里能广开财路，通过其他途径筹措一些资金，其中一条主要途径是开展非载人航天设备质量保证及安全性、可靠性方面的工作。目前该公司主要围绕着安全与质量保证、日本实验舱使用与操作规划及其他工程项目等几大主题开展工作。其中最重要的是确定并评估载人航天设备的安全性要求，以期改进可靠性及维护性能。第二项工作主要是训练航天员和对航天员活动进行保障、对日本实验舱设备的用户给予帮助以及开展日本实验舱操作与维护方面的一些工作。另外该公司还做一些与国际合作伙伴间的协调工作。第三项工作包括开发特定形式的载人航天技术和保障筑波航天中心空间站综合测试与保障中心（SSIP）的工作。

综合测试与保障中心由与筑波航天中心原有的老建筑相邻的一组建筑组成，其中包括：

①空间站测试大楼。这栋大楼用于对日本实验舱的一些基本组件，如增压舱、暴露设施、后勤舱和遥控操纵系统等进行功能测试，并用于该实验舱的兼容性试验和轨道保障工作。大楼的一层安装一个用于日本实验舱工程模型总装的设施、一个操纵装置试验区和一个日本实验舱训练设备测试间；二层安装日本实验舱训练设备控制间、数据分析间等。

②空间试验实验楼。这栋实验楼是日本空间站用户的保障中心。电子公司、制药企业、大学研究人员、航空宇宙技术研究所的专家和通商产业省下属的一些团体都可能会成为日本实验舱的用户。在日本实验舱内进行的试验准备工作在这栋楼里进行，飞行后的分析工作也在这里进行。这里还进行一些规划和保障工作。楼内设置材料科学实验室、遥科学（用于对试验件进行遥控）实验、生

命科学与生保技术实验室以及空间试验分析实验室等多个实验室，并配备地面基准试验实验室和空间试验资料与数据检索库。

③航天员测试设施。用于航天员训练、医学与健康研究和载人航天技术的开发。

④失重环境试验楼。楼内建有一个直径近 16 米、深达 11 米的失重环境模拟水池。航天员们将在这里利用一个模拟日本实验舱进行基础训练。日本实验舱的设计确认、操作程序制定（包括在轨道上替换试验搁架和其他装置）和航天员出舱活动演练都在这里进行。

⑤空间站操作设施。该设施用于对美国 NASA 空间站控制与有效载荷操作的训练。

在日本还有两家航天方面的集团公司，它们同载人航天系统公司在组织形式上有相似之处。这两家公司是火箭系统公司（RSC）和高可靠性元件公司。前者的主要任务是使 H-2 火箭私营化和向付费用户提供这种火箭发射业务，但是这种火箭成本很高，推销的难度较大。高可靠性元件公司的中心工作是提高 H-2 火箭部件的可靠性。

日本 JAXA 之所以成立这三家公司，一是基于日本政府对有关部门从事商业活动的限制，二是考虑到事业团不能大包大揽，什么都自己来干。这三个集团公司实际上是事业团同各大承包商（如负责日本实验舱和 H-2 火箭总体工作的三菱重工和作为日本实验舱十大分包商之一的川琦重工）之间的协调机构。

航天运输方案

利用日本人自己的技术而首先把航天员送入太空的可能是原"希望号"航天飞机的后继型号，也可能是另一种完全不同的航天器，比如空天飞机。"希望号"的后继型最早也得到2010年以后才能开始使用。在不少JAXA的工程技术人员眼里，"希望号"本身并不是目的，可以说它只是一块用于获取再入、飞行器控制及其他技术的踏脚石。

实施空天飞机计划其费用将是极为昂贵的，所以如果要搞，日本也很可能会加入到由美国或欧洲牵头的一项计划。如果日本决定研制有人驾驶的"希望号"后继型，就必须在H-2火箭的基础上制造一种改进型火箭，使其能适应载人航天发射的需要。这种新火箭的总可靠性要比H-2有显著的提高。

图 4.6　日本种子岛航天中心大崎发射场

图 4.7　日本种子岛航天中心，位于日本本土最南部的种子岛南端，建成于1974年，主要用于发射试验卫星和应用卫星

不过目前看来，JAXA并不急于直接着手开发日本未来的载人航天运载系统所需的

技术，因为他们明白，这项工作耗资巨大，一旦上马势必影响一些他们认为更为迫切的其他航天项目，包括研制工程试验卫星和遥感卫星、对 H–2 火箭进行使用验证以及建造和使用小型航天飞机等。JAXA 和主管该事业团的科技厅也知道，想说服大藏省，让其在今后几年内就着手向需要多年才能完成而且耗资巨大的载人航天项目投资是极为困难的。大藏省的主张是利用国际空间站和日本实验舱项目同美国合作，以使成本降至最低水平。

科技厅主管的最大的项目是核动力研究与开发项目，而这些项目又经常出现经费超支问题。很显然，由于受核研究开发项目预算压力的影响和其他一些原因，在日本实验舱和"希望号"得到验证之前，大藏省官员不想再上马其他高投资项目。

更为重要的是，JAXA 同美国航空航天局间的合作目前很顺利，在这种情况下事业团自己也认为目前还没有实施自己的载人航天计划的必要。他们的想法是向 NASA 的专家们学习，以使自己的工程技术人员在不用自己将航天员送上天的情况下在载人航天这一尖端技术领域坐享其成，建立起广泛的技术基础。

任重道远

可以预见，同其火箭的发展历程一样，日本人在载人航天领域也将走很漫长的一段路途。1969 年，即 NASDA（JAXA 的前身）成立那年，日本决定依靠同美国的一项双边协议，利用美国麦道公司、洛克韦尔公司和其他一些公司的技术专长开始研制运载火箭技术。但直到 25 年之后的 1994 年 2 月，日本才从种子岛航天中心试射了第一枚完全自行研制的火箭。可以这样说，在 2015 年之前，日本不太可能用自己的运输工具将其航天员送入太空。

对于日本来说，像美、苏（俄）为了国家荣誉而搞载人航天争先赛那样的驱动力是不存在的。另外，载人航天对日本来说也基本上可以说没有军事意义。所以日本原来一直认为花费巨资研制载人航天系统没有必要，或者说是不值得。但日本人是说干就干的，一旦做出决策，就会尽全力来完成。不过增加对载人航天的投资必然会对其他项目产生重大影响，特别是应用核能研究与开发项目，其预算肯定要削减，这在眼下还不大可能。

为了增强公众对航天员及其工作的兴趣，日本科技厅对面向青少年的少年航天员俱乐部活动很支持。但总的来说，科技厅在增进公众航天意识方面所做的工作收效不大。

20 世纪 80 年代末，东京的一些大建筑公司曾竞相抛出太空旅馆、月球基地等地外设施设想。应指出的是，这些虚无缥缈的设想是在日本的"泡沫经济"达到高峰、各建筑公司利润丰足之时提出的。此后，很少再有人这样提。不过日本人倒是真的开始考虑如何把航天员送上天了，JAXA 甚至还对建立月球基地问题进行了研究。一些大的航天承包商还研究了建立用标准或加大型 H-2 火箭飞几次就能建成的小型空间站的可行性。

在今后 10 年至 15 年的时间里，日本的载人航天活动将主要依靠美国的航天飞机和国际空间站。但在此之后，日本很可能会考虑利用自己的力量更多地开展这种活动，而且届时日本也将具备相应的技术实力。

印度与载人航天

2007年1月10日，印度使用一枚极地卫星火箭，将首个返回式太空舱和3颗卫星同时送上太空。返回式太空舱在轨道上运行了10多天之后，成功降落在印度东海岸的孟加拉湾。这是印度首次成功回收"返回式太空舱"，标志着印度已经开始展开载人航天飞行的初步试验。

自独立以来，印度一直将发展空间技术视作迈向世界大国、体现综合国力、加快科技发展的重要步骤。印度开国总理尼赫鲁曾将空间技术形象地比作"现代印度寺庙的庙顶"。历经30多年不懈努力，印度空间技术总体水平发展迅猛，已是当之无愧的世界第六空间技术大国。在发展中国家里，迄今能在该领域与中国媲美的也只有印度。据媒体披露，印度目前每年空间技术研究经费至少为3.5亿至4亿美元，占印度所有科研机构总经费的17%。

火箭卫星种类齐全

印度1975年研制成功第一颗人造卫星。1980年7月，其自行研制的SLV-3运载火箭成功将一颗"罗西尼"试验卫星送入400千米高的轨道，从而使印度成为世界上第七个能独立发射卫星的国家。

图4.8 印度将首个返回式太空舱和3颗卫星送上太空

1994年，印度用 PSLV-2D 运载火箭，把一颗地球遥感卫星送入极地轨道，成为继美、俄、中、法、日之后第六个拥有将卫星送入极地轨道能力的国家。20 多年来，印度共发射地球观测、地球同步通信、太阳物理试验、广播电视、遥感卫星以及军用侦察系列近 20 颗卫星。

目前，印度拥有四种类型国产运载火箭："卫星运载火箭3（SLV-3）、加大推力运载火箭（ASLV）、极地轨道运载火箭（PSLV）"和"地球同步轨道运载火箭（GSLV）"。印度已建成萨拉巴伊航天中心和斯里哈里科塔航天发射中心两个航天器发射场，掌握了制造和发射运载火箭、人造卫星、地面控制与回收等技术，已具备一套完整的空间技术开发和应用体系。值得一提的是，2001 年4 月，印度成功解决了低温发动机冷却系统、阀门和点燃系统的难题，用自行研制的备有低温火箭发动机的 GSLV 火箭将 1.5 吨重的卫星送入了地球同步轨道。该火箭的个头和质量可与美国"德尔塔"型火箭媲美。据媒体透露，印度已批准研制一种更为先进的 GSLV火箭，它能将 4 吨重的卫星送入地球同步轨道。

研发新型航天飞机

2001 年 7 月，印度科学家提出了新型航天飞机概念，命名为"艾瓦塔"。据悉，设计中的"艾瓦塔"能达到 10 千米的巡航高度，然后，低温火箭发动机将"艾瓦塔"推入太空。完成任务后，"艾瓦塔"离开轨道，重新进入大气层，利用自身动力着陆。一架"艾瓦塔"能反复完成 100 次飞行任务，可将 100 吨的有效载荷送上太空。它的主要特点是起飞时不装载液氧。火箭飞行需要的 21 吨液氧将

图 4.9　印度运载火箭准备发射

在开始的 1 个小时大气层巡航过程中制造出来。在大气层中飞行时，"艾瓦塔"会先吸进空气，然后把氧气分离出来并将氧气液化储存。印度在积极发展民用空间技术的同时，也在秘密研制航天武器。不久前，印度国防部长高级科学顾问阿特里透露，印度已在该领域取得重大进展，将在 5 年内拥有用于太空作战的激光武器，这无疑将在印度空间大国的天平上又增添一枚重量级砝码。

雄心勃勃筹备登月

2006 年 11 月在印度科学城班加罗尔举行的空间研究组织大会上，与会的印度 80 名顶尖科学家一致投票支持印度发展载人航天。印度空间研究组织的负责人透露，印度将在 2020 年实施一项载人登月计划。

据悉，该计划包括数次载人与无人飞行在内的登月发射，将分三个阶段进行，首先力争 2008 年前实现向月球发射探测装置，然后发射登月机器人，对月球进行多项科学研究，最终帮助印度航天员登月。根据大会制定的时间表，印度在 2007 年 1 月发射和回收无人太空舱之后，将在 2008 年发射第一颗小型无人绕月探测器"月球飞船 1 号"，并准备在 2012 年至 2013 年间发射一个飞往火星的无人探测器。2014 年将发射重达 3 吨的载人航天器，航天器可载 2 名航天员。2020 年实现航天员登月。预计整个载人航天计划将耗资 25 亿到 30 亿美元。而印度的最终目标就是要赶在中国之前登上月球，以表明印度的航天技术超越了中国。

自 2001 年前印度总理科学顾问、现总统卡拉姆对外透露印度正在筹备登月以来，登月计划备受世人关注。目前，印度不仅已与美国就今后加强在民用航天领域的合作达成一致，而且还在积极与俄罗斯就联合登月计划进行研究，考虑在未来几年内借助俄罗斯运载火箭送印度航天员登月。有关专家认为，印度目前已具备制造登月航天器所需的知识。以印度目前的技术能力、预算和充足的准备时间，这一雄心勃勃的计划并不为过。

虽然印度在 2006 年底才最终确定了载人航天计划，但实际上他们早已开始依托同美国和俄罗斯的合作训练航天员，为其载人航天计划做准备。当然，载人航天飞行是一个非常复杂的过程，若要成功，印度还有大量的工作要做。

美国约翰逊航天中心

约翰逊航天中心是直属美国航空航天局的十大基地中心之一，在美国载人航天发展史上一直是美国实施载人航天飞行计划的大本营，为美国乃至世界载人航天事业的发展立下了汗马功劳，成为世界为数不多的几个具有最先进高科技设施的著名的航天员选训中心和飞控中心。

中心的诞生

位于美国西南部的得克萨斯州的最大城市休斯敦市建于 1836 年，它不仅是美国重要的工商金融中心，同时也是闻名遐迩的美国载人航天工业中心。休斯敦市东南毗邻加尔维斯顿湾，休斯敦运河连通加尔维斯顿湾和墨西哥湾，使它成为拥有良好深水港的城市。1961 年美国国家航空航天局在此建立了载人航天飞行中心。1973 年，为纪念逝世的美国第 36 任总统林登·约翰逊，美国国会通过决议将其命名为"林登·约翰逊航天中心"。约翰逊航天中心坐落于休斯敦市东南的哈里斯县境内的克利尔湖西畔，占地 6561000 平方米，距休斯敦市区约 40 千米。约翰逊航天中心是美国载人航天飞机的研发基地和控制中枢，也是美国最大的太空研究中心。由于约翰逊航天中心的落户及其在美国载人航天飞行计划上的骄人成就，休斯敦名噪天下，这给休斯顿的发展带来可观的社会效益和经济效益。在约翰逊航天中心的光环下，休斯敦也熠熠生辉，几乎成了约翰逊航天中心的代名词，人们提到休斯敦就会想到著名的约翰逊航天中心。休斯敦市由于有航天中心，当地人将之誉

图 4.10 美国国家航空航天局中心主楼，里面有闻名世界的航天控制中心。大楼没有一扇窗户，位于整个 NASA 的中心位置

为"美国航天城"和"美国载人飞船之家"，出于一种自豪感，休斯敦市民也乐于将新建街道、饭店以及球队冠以"太空""航天""火箭"等名称，这也是姚明加盟的篮球队为什么叫"休斯敦火箭队"的缘故吧。

图 4.11 NASA 控制中心监控室。多年以来，这里监控着每一架载人航天器的升空，当然让世界震惊的"挑战者号"航天飞机失事也是在这里最先观测到的

中心的任务

约翰逊航天中心的任务是设计、研制和试验载人飞船及有关系统，选拔和训练航天员，计划和实施载人飞行任务，广泛参与有助于人类了解和改善其环境的医学、工程学和科学实验。航天中心由研究中心、指挥控制中心、航天员训练中心以及大型展览馆四部分组成。约翰逊航天中心除进行航天飞行、飞行器制造、太空科学等研究外，还承担直接指挥控制佛罗里达州肯尼迪航天中心的发射活动。肯尼迪航天中心的登月飞船和航天飞机发射升天后，其升空飞行和降落的指挥、航天器的追踪及其信息交流都是在此进行的。约翰逊航天中心拥有100多座建筑物，有近万名工作人员。每当进行宇宙飞行时，航天指挥控制中心的上千名工程师、技术

图 4.12　位于佛罗里达州的美国肯尼迪航天中心

图 4.13　美国肯尼迪航天中心组装车间，图中右边上两个栅格是往上开的闸门，航天飞机通过铁轨从这两个门里进出

216

人员和医生坐在这里，监控发射状况、电气系统、舱内压力、飞行轨迹和机组人员健康状况。著名的 1969 年 7 月 20 日 "阿波罗" 登月和 "哥伦比亚号" 航天飞机都是在这里指挥飞行成功的。在航天员训练中心的 "太空实验室" 内，航天员们接受最严格的训练，包括超重和失重状况的适应，实验项目的操作和故障的排除等。

约翰逊航天中心担负着美国载人航天飞行的设计、研制和试验工作。到目前为止，已经负责实施了美国 "水星" "双子星座" "阿波罗" "天空实验室" 航天飞机和国际空间站等载人航天计划。在约翰逊航天中心的诸多职能中，尤以飞行任务控制和航天员选拔训练两大职能为世人瞩目。

光辉的历史

1969 年 7 月 20 日至 21 日 "阿波罗 11 号" 飞船首次实现人类登上月球的理想。此后，美国又相继 6 次发射 "阿波罗 11 号" 飞船，其中 5 次成功，总共有 12 名航天员登上月球。

第一个踏上月球的人是阿姆斯特朗。1969 年 7 月 16 日，阿姆斯特朗、奥尔德林和柯林斯乘 "阿波罗 11 号" 宇宙飞船，飞向月球。7 月 20 日，由阿姆斯特朗操纵 "鹰号" 登月舱在月球表面着陆，当天下午 10 时他和奥尔德林跨出登月舱，踏上月面。阿姆斯特朗率先踏上月球那荒凉而沉寂的土地，成为第一个登上月球并在月球上行走的人。当时他说出了此后在无数场合常被引用的名言："这是个人迈出的一小步，但却是人类迈出的一大步。"他们在月球上度过 21 小时，21 日从月球起飞，24 日返回地球。同年获总统颁发的自由勋章。

"阿波罗"载人登月工程的成功，是美利坚合众国的骄傲！"阿波罗"计划采用月球轨道交会法，用强大的"土星"5型运载火箭把50吨重的航天器送入月球轨道。航天器本身装有较小的火箭发动机，当它接近月球时，能使航天器减速进入绕月轨道。而且，航天器的一部分——装有火箭发动机的登月舱能脱离航天器，载着航天员登上月球，并返回绕月轨道与"阿波罗"飞船结合。该工程开始于1961年5月，至1972年12月第6次登月成功结束，历时约11年，耗资255亿美元。在工程高峰时期，参加工程的有2万家企业、200多所大学和80多个科研机构，总人数超过30万人。

训练设施

约翰逊航天中心的办公区分布着各类办公、工程、科研和试验设备的建筑物和设施。俯瞰中心的景色，可以看到一栋最显眼的9层大楼，那就是掌管中心的首脑、行政管理人员和部分工程技术人员办公的1号楼——工程项目管理大楼。1号楼的旁边是计算机楼、飞船环境舱和航天员训练中心。

飞行任务控制中心在30号楼。32号楼的太空环境模拟实验室包含两个可容纳整艘飞船的巨大真空舱，舱内温度的调节范围达到−173℃~127℃。振动和声学测试设备位于它旁边的49号楼，在这里通过模拟飞船经受的振动和噪声设备对航天设备进行冲击测试。相反，14号楼的无回声舱测试设备内则是完全静寂的，舱内泡沫材料包裹的墙壁、地板和天花板吸收了飞船通信系统测试期间的继生信号。9A 楼内有一些中心独有的用于测试和训练驾驶飞船的飞行乘员的专门设备，如航天飞机轨道器实体模型和综合训练实验室，航天员在与原物同尺寸的航天飞机轨道器前面的乘员舱和 18.3 米长的有效载荷货舱模型里训练。著名的月球标本库位于 31A 楼。

设在 29 号楼的失重环境训练设施是采用水的中性浮力来模拟失重的，它主要用于设计、试验和研制飞船和乘员装备，评价身体约束装置和扶手，制定新程序和测定舱外活动能力与工作负荷极限。航天员在这里进行重要的飞前训练，熟悉飞行任务计划规定的乘员活动和在失重条件下身体运动的状态。由于它不能胜任组装国际空间站的舱外作业训练，约翰逊航天中心在索尼卡特训练中心内新建了一个 31.09 米 ×61.57 米 ×12.19 米大，能容纳 23 848 083 升

图 4.14 约翰逊航天中心的真空实验室

图 4.15 约翰逊航天中心的航天飞机轨道器实体模型

图 4.16 位于索尼卡特训练中心的中心浮力实验室（组图）

水的中性浮力实验室。该实验室于 1977 年 1 月投入使用，可容纳空间站各舱段和"哈勃"太空望远镜实体模型，用于训练航天员在他们即将执行的飞行任务中要进行的操作程序。

航天员进行特定飞行任务训练时，多数时间是在完全等同于飞船设备和控制面板甚至整个飞船座舱的模拟器里。最复杂精密的训练设备是飞行任务模拟器，它包含了在屏幕上投射出的透过飞船舷窗的景象，这些景象是乘员将在实际飞行中看到的。飞行任务模拟和训练场的这些训练设备与飞行任务控制中心的通信系统连接，使飞行乘员和飞行控制人员能在实际飞行前进行整个任务的演练。

飞控任务

载人航天飞行任务控制的主要任务是从发射开始到着陆期间通过发送和接收采用遥测特定格式的数据对远在太空的飞行活动进行指挥、控制和保障。约翰逊航天中心的飞控中心通常称为休斯敦飞控中心，位于 30 号楼。它始建于 1962 年底，1964 年建成投入使用。飞控工作正式开始于 1964 年 6 月著名的"双子星座" 4 号飞行任务，在这次飞行中，美国航天员爱德华·怀特进行了首次出舱活动。

随着计算机和通信技术的发展，20 世纪 60 年代建的飞控中心已不能满足现代飞控任务的需要。1995 年 7 月新的现代化的飞控中心在约翰逊航天中心落成并投入使用。如今休斯敦飞控中心设有用于航天飞机飞控（称为"白厅"）和用于国际空间站飞控（称为"蓝厅"）的两个飞控厅。飞控人员在履行指挥、控制和监控职责的同时，通过控制台上的计算机显示器或投影显示器获取信息与乘组协调。飞控厅使用的是能支持所有美国航天飞行活动的通用工作台，这种工作台还能支持模拟

图 4.17　休斯敦飞行控制中心内景

功能可就具体任务进行练习或提出可能的问题和解决办法的飞行任务预演。

　　1998 年 11 月，随着国际空间站第一舱（"曙光"舱）的发射，休斯敦和莫斯科的国际空间站飞控人员和工程保障队开始联合行动。自"曙光"舱发射起，在"蓝厅"的国际空间站飞控人员将和他们在俄罗斯莫斯科郊区的科罗廖夫飞控中心的同行们一起不停歇地联合进行飞控操作。此外，他们还必须与在世界各地飞控中心的同行保持联络。科罗廖夫飞控中心负责保障国际空间站俄罗斯舱段的运行。由于国际空间站的许多关键功能，包括姿态控制和生命保障，是由俄罗斯舱段提供的，休斯敦和莫斯科的飞控中心之间及时的沟通对于国际空间站的安全和成功运行是非常重要的。

对外宣传

　　作为美国航天事业的心脏和神经中枢的约翰逊航天中心，对于广大游客并不是禁地，它设有两条旅游专线让游人参观航天中心的一般工作程序。游客在此可参观各种火箭、卫星的外观和内部结

构、机件，航天员在太空的生活、工作情况以及各种用品，并提供太空食品让游客品尝。旅游专线上的火箭公园内陈列着实际太空飞行的太空实验室，令每一位参观者大开眼界。在大型展览馆内还挂着一幅中国在12世纪初燃放"起火"的"火箭"示意图。它告诉参观的人们，今天宇宙火箭的原理启蒙于古老的中国。约翰逊航天中心的建立，极大地推动了该市高科技企业的发展。

在约翰逊航天中心的陈列大厅有航天飞机实物、航天员照片、航天服实物、航天员登月的实况影片、历次航天员登月详细简介、航天员训练场地、航天飞机控制中心、"阿波罗"飞船驾驶舱、巨型三级火箭、大大小小的卫星等。还有讲解员在真正退役的宇宙飞船上讲解航天员在太空失重状态下的生活，让人多少有些身临其境的感觉。

航天员训练场地是个很高、很大的房子，比机械厂的厂房还要高大，里面陈列着各种各样的飞船部件和试验设备。控制中心和电影、电视上看到的完全一样，飞船不断移动的轨迹在大电视屏幕上清晰可见。这些参观点都是专供旅游者看的，全都用大玻璃隔着。

在陈列大厅悬挂着美国航天员的照片，照片中有一位华人航天员王赣骏博士。他原籍中国江苏省盐城市，1940年出生在江西省

图4.18 美国"发现号"航天飞机从肯尼迪航天中心发射升空　　　　图4.19 美国"发现号"航天飞机降落

赣县，是一位出色的物理学家。王赣骏在上海度过童年时光，1950年离开中国大陆，随父母迁往台湾，先后在高雄、台北两地上学。1960年20岁的王赣骏到了香港大学数学系学习，1963年从香港大学毕业，同年去了美国。他在加利福尼亚大学洛杉矶分校攻读物理，1967年和1968年先后获得学士和硕士学位。后在该校研究院深造，攻读固态物理、流体力学和声学。1971年获固态物理学与流体力学博士学位后在母校任助理教授一年。1972年受聘于加利福尼亚理工学院喷气推进实验室主任，兼加利福尼亚大学客座教授。他现任加利福尼亚帕萨迪纳喷气推进实验室负责人。喷气推进实验室是太空的研究机构，王赣骏在此长期从事太空研究。

王赣骏是第一位遨游太空的华人。1976年NASA征求太空科学实验计划，他提出的"旋转中的液体平衡状态"研究计划在1980年获通过，成为500多个应征的实验方案中的14个入选者之一。1982年王赣骏被选为第一位到太空操作自己设计实验的搭载专家。当时他对记者说："发明火箭的是中国人，征服太空应该有更多的中国人。"3年后，他的愿望终于实现了。1985年4月29日，王赣骏健步走进"挑战者号"航天飞机，在美国佛罗里达州卡纳维拉尔角升空，在空间实验室3号任务中，进行7天的研究实验，于5月6日返回加利福尼亚州的爱德华空军基地。这是美国航天飞机第17次升空，也是"挑战者号"第7次升空，但只有这一次，是世界上首位华人上了太空，载入光辉史册。航天史上从此写下了中国人的名字。在当年的电视报道中可以看到，王赣骏访问中国，将他带上太空的一面中华人民共和国国旗赠给中国政府，表达他对故土的深切情意。

在悬挂的照片中，也有祖籍广东的张福林，他是这里著名的航天英雄。张福林 1950 年出生于哥斯达黎加首都圣何瑟，1957 年 10 月 4 日苏联第一颗人造卫星发射成功时，7 岁的张福林兴奋极了，立志长大后从事太空科学研究。1968 年张福林进入美国康涅狄格州立大学攻读机械工程，1977 年从麻省理工学院毕业，获得应用等离子物理和聚变技术的博士学位。两年后，美国航空航天局第二次招募航天员，张福林从 4000 名应征者中脱颖而出，被美国航空航天局选中。经过训练，他成为当时美国 80 多名职业航天员中唯一的华裔航天员。

1986 年 1 月 16 日上午 6 时 56 分，张福林和他的 6 名同事乘坐"哥伦比亚号"航天飞机，进入距地球遥远的太空轨道，整个行程共环绕地球飞行 80 周。随后，他荣获由美国总统里根颁发的自由奖章。1987 年和 1988 年，他再次获美国国会颁发的杰出奖和 NASA 颁发的卓越服务奖章。迄今为止，张福林已 7 次进入太空，他待在天上的时间已经超过 1300 小时。他先后 6 次获得 NASA 太空飞行奖章，2 次获 NASA 著名服务奖章，3 次获 NASA 特别服务奖章。这是中国人的骄傲。

展　望

从诞生至今，约翰逊航天中心已走过了 47 年的历程。未来 20 年，约翰逊航天中心的工作重心将是与其国际伙伴一起安全运行国际空间站，在那里建立一个包括 6 个实验室的空前的现代化的实验室综合体，在医学、材料科学和基础科学等领域获得使全球获益的重大发现。约翰逊航天中心将把国际空间站作为踏板或阶梯，实现人类重返月球继而飞往火星的远期载人航天目标。

俄罗斯加加林航天员训练中心

让我们把时间拉回到 1960 年 1 月 11 日，那一天是加加林航天员训练中心正式成立的日子（当年夏天就搬至现在的位置）。1959 年初，苏联政府认为进行载人航天飞行的理论和实践基础都已经具备，因此决定筹备专门的航天员训练中心。在中心成立两个月后的 3 月 16 日，这里迎来了第一批接受训练的航天员——在 3461 名优秀飞行员中经过四轮考察脱颖而出的 20 位年轻人，其中就包括在次年的 4 月 12 日为人类实现进入太空夙愿的尤里·加加林。1968 年 3 月 27 日加加林因飞机意外遇难后，为了纪念这位史诗人物，位于莫斯科郊外的航天员训练中心开始以加加林命名。

加加林航天员训练中心（人们习惯称它为"星城"）位于莫斯科东北的契卡洛夫区，最初它是一个颇为隐蔽的基地，属于苏联的最高国家机密，甚至连绝大多数苏联军队都不知情。如今，它已经成为举世闻名的航天领域"高等学府"（另一所是美国休斯敦的约翰逊航天中心），而且这里已不再是单一功能的训练中心，同时也是航天领域的科研中心和国际合作中心。40 余年间，加加林航天员训练中心已成为现代化的科学研究、试验训练和飞行基地，组成了一支高素质的专家队伍，其中航天员训练更使中心名声大噪。每一个苏联和俄罗斯的太空人都在星城接受过深造，而在 1978 年，中心也开始对外国航天员开放。到目前为止，加加林航天员训练中心已经训练过包括中国在内的 30 多个国家的 400 多名航天员，其中有一半以上的人都进入过太空。目前，该中心的训练已经形成了一个得到世界公认、稳定成熟而且科学的结构体系。

星城——航天员的摇篮

星城位于莫斯科北郊 40 余千米处，这里有大片茂密的树林，中心有湖泊，环境优美。坐落在小城中心的加加林雕像告诉人们，这里就是享誉世界的加加林航天员训练中心。

图 4.20 尤里·加加林的塑像

中心分实验区和生活区两部分，占地约 400 万平方米，除了森林、湖泊等自然景物之外，还配备有商店、农贸市场、银行、宾馆、博物馆、电影院等，是一个风景优美的小城镇。

加加林航天员训练中心的建立与苏联火箭和飞船的总设计师科罗廖夫是分不开的。在苏联成功发射了世界上第一颗人造地球卫星之后的几年里，航天技术得到了迅速发展，在理论和实践上都积累了大量的经验。苏联政府认为已经具备了发展载人航天的科技前提和保障，于是在科罗廖夫的倡议下，于1960年1月11日通过了关于建立航天员训练中心的决议。

当时航天员训练中心的任务是为首次载人

图4.21　加加林航天员训练中心一角

飞行训练航天员。1968年加加林遇难后，为纪念这位航天英雄，中心正式更名为"加加林航天员科研试验训练中心"。为更好地发挥俄罗斯在载人航天领域及航天员训练方面的科技潜力，1995年在原中心和谢列金飞行训练团的基础上组建了"俄罗斯加加林国家航天员科研试验训练中心"，隶属于俄罗斯国防部和俄罗斯航天局。经过40余年的发展建设，现在的加加林航天员训练中心已经成为一个以训练俄罗斯和各国航天员为中心的、综合性的现代化科研训练基地和国际航天领域的合作中心。

辉煌的成就

在40余年的发展历程中，加加林航天员训练中心取得了令人瞩目的成就。在加加林开创了太空时代以后，俄罗斯航天领域不断诞生令世人激动的创举：

1963年瓦莲金娜·捷列什科娃作为世界首位女航天员遨游太空；

1965年3月18日列昂诺夫首次完成太空行走；

建立了世界上第一批"礼炮号"空间站；

1986 年"和平号"空间站开始运行。季托夫和马纳罗夫两人在"和平号"空间站上进行了为期一年的飞行。他们的飞行记录不久又被波利亚科夫以 438 昼夜的飞行时间打破。康达科娃作为女飞行工程师在"和平号"空间站上工作了 169 昼夜。

……

这些成就的取得与加加林航天员训练中心的训练是密不可分的。据不完全统计，自成立至今，加加林航天员训练中心已经训练了来自 30 个国家的 440 余名航天员，他们中有一半以上参加过太空飞行。它先后为"东方号""上升号""联盟号""联盟 T 号""联盟 TM 号"系列运输飞船，以及"礼炮号"系列和"和平号"空间站共培养了约 320 个航天员乘组，近 90 个乘组实现了太空飞行。这里还包括来自除俄罗斯以外的 18 个国家的 70 余名航天员，其中有 32 人搭乘过俄罗斯飞船或在空间站执行过任务。中心培养的航天员在轨工作约 308 人次，在轨工作时间合计约 48 年。

完善的航天员训练体系

航天员训练是一个庞大的系统工程，训练的重点在于训练和发展能确保航天员完成各种在轨任务的知识、技能和素质。中心的航天员训练工作可以分为以下三个阶段：

①综合航天知识训练（航天学入门知识，了解俄罗斯及国际航天技术）。

②按专业方向分组训练（例如按照不同的航天计划进行分组：

"联盟号""礼炮号"等)。

③分乘组训练,即从以上各组里挑选能胜任具体航天发射任务的乘组。

根据以上任务航天员大队分为 3 个中队,分别负责这三个阶段的训练工

图4.22　加加林航天员训练中心(一)

作。训练的最后一站在拜科努尔发射场进行。在那里,航天员将和"联盟号"飞船、航天服以及其他在飞行中将要使用的设备打交道,继续进行和空间站对接技能的训练。整个训练过程一般需要 4～6 年。目前,加加林中心的航天员大队有 26 名成员,其中 5 名是 2006 年 10 月新加入这支队伍的预备航天员。

为确保训练质量,中心建有完善的训练基地,技术设施齐全。最有特色的地方当数救生训练基地。在白桦林和针叶林的环绕之下,有一个平坦的坝子,可供苏制"米格-8型"直升机起降。坝子的南面是一个湖泊,跟圆明园福海差不多大,湖的东北侧有一座栈桥蜿蜒入湖,它不仅点缀了景致,更重要的作用是作为上下救生艇

图4.23　加加林航天员训练中心(二)

的跳板。邻近的院落中有几间俄式平房,供值班留守人员使用。航天飞行环境模拟器、载人航天器模拟训练器、载人航天器和装船系统训练舱、飞行训练飞机、

图 4.24　加加林航天员训练中心的航天器模拟训练器

着陆后活动准备设施、出舱训练设施、生物医学准备设施等技术设施一应俱全。

　　40 余年间在加加林航天员训练中心已建成现代化的科学研究、试验、训练和飞行基地，建立起一支高素质的专家队伍。加加林航天员训练中心的突出成就集中体现在航天员训练方面，可以说，中心的训练已经形成了一个稳定成熟的、得到世界公认的、科学的结构体系。该体系最突出的特点是拥有坚实的科学技术保障，完善的组织管理，世界上独一无二的教练员队伍，清晰的计划系统和高质量的训练。

图 4.25　加加林航天员训练中心的教员在施训

中心的博物馆——连接历史与未来的地方

加加林航天员训练中心，除了有新奇的训练设施，还有在加加林提议下修建的中心博物馆。博物馆于 1967 年 11 月 6 日正式开放，首批展品就是加加林捐献的自己获得的各种奖章和礼物。

建立博物馆的想法最初是加加林本人提出来的，他说："这对我们的工作将是一个独特的总结。建立这个博物馆不仅是为我们自己，更是为了历史和青年一代。"

如今的博物馆有四个主要的展室。第一展室记录的是俄罗斯辉煌的航天史，大到苏联 1957 年发射的第一颗人造卫星的实物，小到俄罗斯第一位女太空人瓦莲金娜穿过的航天服，在这里都可以找到；第二展室是加加林的个人展览，通过各种照片、衣服、勋章和信件，加加林 34 年短暂而光荣的一生呼之欲出，甚至"加加林"本人也在这里——展厅里陈列着加加林的一小瓶骨灰（他大部分的骨灰被放在克里姆林宫墙的壁龛里），他出事时被烧毁的护照、飞机驾照和皮夹分散在周围，每年加加林的诞辰和祭日都会有许多人来这里瞻仰他；第三展室是关于航天领域国际合作的展览，其中最引人注目的是一个"联盟号"飞船的模型，上面悬挂着曾乘坐"联盟号"飞上太空的航天员所属国家的国旗；第四展室实际上是生前担任训练中心副主任的加加林的办公室，这个位于博物馆角落里的小房间里的情景一如 40 年前，墙上挂着加加林的照片，茶几上摆放着老式收音机和电话机，屋里的时钟永远停留在 10 时 30 分，那是他出事前最后一次离开办公室的时间。

俄罗斯航天界已经形成了一个传统，每一个航天员飞太空前都会来参观加加林的办公室，他们会坐在办公桌前，在墙壁上的"加加林"注视下，将手放在桌上，祈求这位英雄前辈的保佑和祝福。

积极参与国际合作

出于政治目的和军事需要，冷战时期的苏联一直奉行与美国争夺航天霸主地位的发展战略。如今，航天领域的主题已由竞争转为合作，中心也不断地在合作中寻求发展。截至 2001 年底，来中心接受训练的外国航天员中，仅美国航天员就超过了 100 人，中国也选派了两名航天员：吴杰和李庆龙。围绕着国际空间站计划，中心和 NASA 的合作仍在继续，训练国际乘组的工作也仍在积极地展开。

2005 年 8 月 15 日至 22 日，中国第一位太空人杨利伟访问了莫斯科，为期一周的时间内他除了参观俄罗斯国际航天展、接受俄航天署长佩尔米诺夫颁发的"加加林勋章"外，还有一个很重要的"任务"就是拜访加加林航天员训练中心。

12 年前的 10 月，两名中国航天员吴杰和李庆龙正是在这里开始了为期一年的训练。在空间站训练中心里有一个小房间，墙上挂满了曾在加加林航天员训练中心训练过的航天员的照片，虽然其中并没有吴杰和李庆龙的照片，但无可否认两人在这里的学习是卓有成效的：他们用一年的时间完成了 4 年的课程，以平均 4.5 分的成绩（5 分制）拿到了"国际航天员"证书。回国后两人作为教官训练其他航天员，2003 年执行"神舟五号"飞船载人航天飞行任务的航天员大队 14 名成员中，也有他们的名字。

此外，太空游也是加加林航天员训练中心参与国际合作的一个重要舞台。中心还和旅游公司合作，针对普通游客开展收费的参观游览活动和航天员训练的体验之旅。一般游客可以参观"和平号"空间站的回收舱、航天员模拟训练舱、水下训练基地和太空离心机，还可以品尝太空食品、穿航天服并拍照留念。这些举措不但吸引了来自各国的众多游客，也为中心带来了丰厚的收益。

展 望

展望未来，中心的主要任务是：确定航天员的具体编制，选拔航天员，为各类型的载人航天器训练各种专业的航天员（即指令长、飞行工程师、载荷专家）；发展和完善航天员训练体系；发展和完善航天员训练中的医学保障及航天员返回地面后的康复措施；为提高航天员的训练质量、乘组的工作效率和载人飞行的安全性，进行大量基础性的、探索性的和系统性的科学研究工作；为航天员训练创造有利的技术手段，进行最新的航天技术和技术设备、模拟器等其他训练设备的试验；参与各种飞行试验、工效学鉴定实验，参与载人飞船的研制、鉴定和应用。

"我们为加加林的名字感到无比自豪，同时也深感责任重大，"加加林航天员训练中心负责人契波里耶夫对中心的未来充满希望，"太空是地球文明的未来和延续，只要人类对太空还持有梦想，那么航天事业就会不断地获得前进的动力。"

中国航天员科研训练中心

中国航天员科研训练中心坐落在风景秀丽的北京航天城内，是我国唯一从事载人航天领域中有关航天医学和航天环境控制与生命保障技术研究，以及相关产品研制的综合性研究机构，是我国的航天员选拔与训练基地。

中心的诞生

2005 年 10 月 17 日凌晨，中国航天员费俊龙、聂海胜，驾驶"神舟六号"飞船邀游太空 5 天后，成功返回地面，成为继航天英雄杨利伟之后，中华民族新的飞天英雄。中国航天员的壮举，再次让世界瞩目。培养训练中国航天员的北京航天医学工程研究所，也于 2005 年 9 月 30 日正式以中国航天员科研训练中心（简称"中国航天员中心"）的崭新名称公开亮相，成为继俄罗斯加加林航天员训练中心、美国休斯敦约翰逊航天中心之后世界上第三个能够独立完成航天员训练的航天员科研训练中心，被誉为"中国航天员成长的摇篮"。

有着几分神秘色彩的航天员公寓，五花八门的航天食品，与

图 4.26 江泽民同志亲自题写的"中国北京航天城"

图 4.27 风景秀丽的北京航天城：新建成的水槽楼和办公楼

"神舟"飞船一模一样的飞行仿真模拟训练器，高速旋转的特殊转椅……走进中国航天员科研训练中心，如同来到了一个载人航天博物馆。中国航天员科研训练中心的前身是有着 37 年历史并培养了中国第一批航天员的航天医学工程研究所。之所以改称为"中国航天员中心"，就是因为这样才更加名副其实，也更能与国际接轨。

北京航天城一隅（一）

北京航天城一隅（二）

北京航天城一隅（三）

北京航天城一隅（四）

图 4.28　北京航天城

中心的使命

载人航天工程中，中国航天员中心承担着航天员选拔训练，航天员医学监督与医学保障，航天特殊因素环境的影响及防护，航天服、航天食品、舱载医监设备和航天员个人救生装备研制，飞船环境控制与生命保障系统研制，飞船工程设计的医学、工效学要求与评价，无人飞船拟人载荷装置研制，大型地面模拟训练设备设施研制等任务。

中心自 1968 年成立以来，经过几代航天人的不断努力，已经创建了独具中国特色的航天医学工程学科体系，涉及航天医学、航天心理学、航天重力生理学、航天细胞分子生物学、航天工效学、航天环境控制与生命保障工程、航天模拟试验技术和生物医学电子工程等诸多学科专业；造就了一支来自 70 多个不同专业的高素质科技人才队伍；建成了具有相当规模的能保障航天员选拔训练、航天医学研究和工程研制与试验的大型地面模拟设备和相关试验设施，

图 4.29　2007 年 5 月 22 日第十六届"人在太空"国际学术会议在北京召开

完成了一大批具有国内和国际先进水平的科学研究课题和工程型号任务；获得了一系列国内领先、国际一流的科研学术成果；培养了以杨利伟、费俊龙、聂海胜为代表的中国首批航天员，为实现中华民族的飞天梦想作出了很大的贡献。

追赶世界的中国飞天

1968 年 4 月，在北京十三陵附近一个偏僻安静的院落中，由中国科学院、军事医学科学院、航天工业部等单位相关领域的一批科研人员组建而成的宇宙医学及工程研究所（1976 年更名为"航天医学工程研究所"）诞生了。

那时，中国正在酝酿载人航天计划。然而，由于诸方面的原因，计划一拖再拖。中国航天员中心的科研人员执着地进行研究工作，默默地积蓄着力量。他们相信，中国载人航天事业的春天一定会到来。

1992 年，中国决定启动载人航天工程。此前，在一项以发展高技术为主要目标的"863 计划"中，中国航天员中心承担了其中航天领域的关键技术研究，完成了"航天员系统"和"飞船环境控制与生命保障系统"的概念论证。这为中国载人航天工程的启动做了重要准备。

1993 年，中国航天员中心迎来了一大批年轻有为的科研人员。这批新生力量在老一辈科研人员的带领下，步入了这个全新的世界航天前沿领域。

航天员是载人航天的核心。选拔和训练航天员是一个国家可以独立自主实施载人航天的重要标志之一。1995 年 9 月，中央军委批准从空军飞行员中选拔航天员。中国航天员中心经过将近 2 年的选拔，最后选中了杨利伟、费俊龙、聂海胜等 14 人。1997 年 12 月，航天员大队正式组建。

选拔航天员难，培养合格的航天员更不容易。这犹如平地盖楼，白纸作画，一切都得从零开始。中心专门成立了两个研究室：航天员选拔训练研究室、航天员医学监督和保障研究室。航天员选拔训练研究室，负责制定航天员训练大纲、训练方案和编写训练教材，对航天员进行训练指导和飞行操作指导；航天员医学监督和保障研究室，负责航天员从训练、生活到航天飞行期间，全过程的健康维护、检查、鉴定和治疗。

在俄罗斯和美国，经过 40 多年的载人航天历程，已经有完善的训练航天员的方案和教材，有一批经验丰富的航天员教练员，其中有些教练员就是已经上过天的航天员。在中国，这一切都是开创性的工作。

中国航天员的教练员，大部分是研究所的中青年科研人员。这些教官没有人当过飞行员，更没有人涉足过太空。太空，对于他们更多的是理论上的概念。然而，就是他们，继承了老一代科研人员的优良作风和已有成果，结合中国实际，借鉴外国经验，创造性地制定出了中国航天员的训练大纲和训练方案，内容详尽而充实，具有明显的中国特色。担任评审组领导的航天医学工程专家和中国工程院院士看后作出评价说："按照这个训练大纲和训练方案去训练，中国航天员上天没问题！"

航天员的医学监督和保障，是航天员训练中不可忽视的重要方面。无论是日常训练、工作和生活，还是执行飞行试验任务，医学人员都对航天员的健康状况实施严格的医学监督和保障，确保航天员以良好的身心状态完成训练和飞行任务。

作为航天员的摇篮，中国航天员中心还承担了独具载人特色的飞船环境控制与生命保障系统的研制，以及航天服、舱载医监设

图 4.30 首飞成功后，杨利伟向联合国前秘书长安南赠送曾伴随"神五"飞上太空的联合国会旗

备、航天食品等产品的研制工作；对飞船的工程设计提出医学和工效学要求，并进行评价；研制航天员训练的大型地面设备，包括超重训练设备、低压缺氧训练设备、失重模拟训练设备和飞行训练模拟器。

祖国的航天事业高于一切

中国航天员中心是一个忠于祖国载人航天事业的光荣群体。在这个集体中，无论是航天员还是教练员、医监医保医生，无论是科研人员还是管理人员、保障人员，他们视祖国的航天事业高于一切，用常人难以想象的付出与牺牲，默默无闻地搭建着中国航天员的飞天之梯。

要完成从飞行员到航天员的转变，需要经过千锤百炼。10 年来，无论学习多么繁重，训练多么艰苦，无论遇到多么大的困难和挫折，面临多大的风险和挑战，14 名航天员无一人中途退缩，矢志航天的志向始终没有改变。

中国首次载人飞行获得圆满成功后，航天英雄杨利伟说："真正的英雄应该是那些默默无闻、无私奉献在祖国载人航天战线的全体同志。"这是中国航天员发自内心的话。

航天员的训练大纲虽然制定出来了，但实际操作是否可行，是否存在危险性，是否合理适度等，谁也没有实践过。因此，在航天员训练之前，航天员教练都先进行实际体验。从离心机、转椅、四柱秋千训练，到高空跳伞、海上救生，凡是涉及生理极限、危险的训练和操作，他们都是第一个吃"螃蟹"的人。他们说："保证航天员的训练安全有效，是我们的最基本职责。"

医监医保医生被称为航天员的"守护神"。从航天员进入研究所以来，3000多个日日夜夜，他们一直尽心关注和保护着航天员的健康。哪里有航天员，哪里就有他们。在执行载人飞行任务时，飞船起飞前，他们是最后一个离开航天员的人；飞船返回时，他们又是第一个迎接航天员的人。

飞船的环境控制与生命保障系统，事关航天员在太空的生命安全。科研人员时时刻刻地告诫自己："航天员的生命在我心中，环控生保的质量在我手中。"这是他们对航天员生命的神圣承诺。在环境控制与生命保障系统里有一个关键部件——高压氧瓶，与地面上使用的高压氧瓶相比，它的要求十分苛刻，不仅体积要小，质量要轻，还要经受得住超强外力的冲击。他们精心设计了一个只有篮球大的氧气瓶，瓶里面高达200个大气压。但对这个产品进行振动考核时，许多单位都不愿意接手这项试验，给再高的报酬也不干。因为内行的人都知道，氧气瓶高压振动试验，犹如一个大炸弹，遇到一点火星，就会爆炸。最后是研究所自己的科研人员冒着危险完成了这项试验。杨利伟顺利返回地球后说："飞船里面的空气比地面还好。"这是航天员对他们工作最大的褒奖。

用中国特色打造世界一流

与中国载人航天事业一同成长，中国航天员中心走的是一条高起点、高质量、高效益、低成本的发展道路。

经过艰苦努力，中心创建了具有中国特色的航天医学工程学

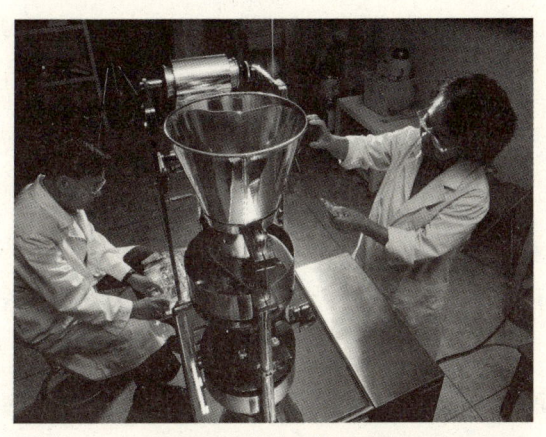

图 4.31　航天员中心中医实验室

科。这一综合性学科以实现载人航天中人的生命安全、身体健康和高效工作为目标。

中国航天员中心的建立，是中国载人航天事业发展的需要，同时也是为了与国际接轨，便于更好地开展国际合作与交流。中心坚持具有中国特色的航天医学工程学科方向，并使之在工程实践中创新发展。

在中国航天员中心，处处能感受到强烈的中国特色和中国模式。

一走进中国航天员中心医监医保研究室的中医实验室，就能闻到一股浓浓的中药味。这里的科研人员为每名航天员建立了中医保健档案，每年 3 次的体检都要对航天员望闻问切，辨证论治，对航天员整体功能状态全面进行评价、判断，并根据每个人的不同情况实施整体调理。

大负荷的航天环境适应性训练，有时会导致他们的身体出现某种功能的紊乱，比如疲劳、睡眠不好、血压波动等，这时中药的调

243

理优势可以得到充分发挥。从 1998 年至今，航天员中心设立了"中药茶房"，很受航天员欢迎。中国航天员中心多年的研究成果显示，中医在航天医学中能够发挥独有的作用，具有广阔的发展前景。

"在世界航天食品当中，中国的航天食品独具中国特色。"被称为"航天员大厨"的航天营养与食品研究室科研人员认为，"传统的中式菜品都尽可能出现在航天食谱中，相比西餐更加色香味美，可口宜人。"

中国的航天食品以中式食品为主，搭配成的航天膳餐具有明显的中餐特色，能够符合航天员的口味要求。膳食有主食和副食之分，主食主要以米、面类的食物为主，副食讲究荤素搭配。在加工上注重色、香、味、形，如八宝饭不仅风味独特、色泽艳丽，其中的莲子、桂圆等配料还有保健功能，具有浓郁的中国特色。

中国航天员中心的航天服工程研究室，负责航天服的研制工作，他们已经成功建立了一套航天服的研发体系。而美国和俄罗斯航天服的研制工作，都是由上千人的大公司负责进行的。"这一对比，充分体现了中国航天员中心医、工集合，高度集成的优势。"

除了用于载人航天之外，中国航天服技术还产生了广泛的社会效益。在 2003 年"非典"期间，他们利用航天服中的冷却技术，制作了相变冷却背心，赠送给小汤山医院和解放军 309 医院的医护人员，有效解决了防护服散热问题。航天通信帽具有良好的抗噪声性能，已推广应用于坦克部队，并参加了 1999 年的国庆大阅兵。航天服的密封调压、通风散热、排湿、抗冲击等技术，正转移到消防服、潜水服，或者工业防护服等功能性服装的开发上，将带动中国服装工业的发展。

图书在版编目（CIP）数据

飞天摇篮 / 陈善广主编. — 长沙：湖南科学技术出版社，2022.2
ISBN 978-7-5710-1217-5

Ⅰ. ①飞⋯ Ⅱ. ①陈⋯ Ⅲ. ①航天—少年读物 Ⅳ.①V4-49

中国版本图书馆 CIP 数据核字(2021)第 178912 号

飞天摇篮

主　　编：	陈善广
出 版 人：	潘晓山
责任编辑：	杨许国　王　斌
出版发行：	湖南科学技术出版社
社　　址：	长沙市湘雅路 276 号
	http://www.hnstp.com

湖南科学技术出版社天猫旗舰店网址：
http://hnkjcbs.tmall.com

印　　刷：	长沙鸿和印务有限公司
	（印装质量问题请直接与本厂联系）
厂　　址：	长沙市望城区普瑞西路 858 号
邮　　编：	410200
版　　次：	2022 年 2 月第 1 版
印　　次：	2022 年 2 月第 1 次印刷
开　　本：	880mm×1230 mm　1/32
印　　张：	8.25
字　　数：	180 千字
书　　号：	ISBN 978-7-5710-1217-5
定　　价：	68.00 元